国家地理
动物百科全书

ANIMAL
ENCYCLOPEDIA

鱼 类

鳕形类·鲉形类

西班牙 Sol90 出版公司◎著

刘广璐◎译

山西出版传媒集团　山西人民出版社

目录
CATALOGUE
ANIMAL ENCYCLOPEDIA

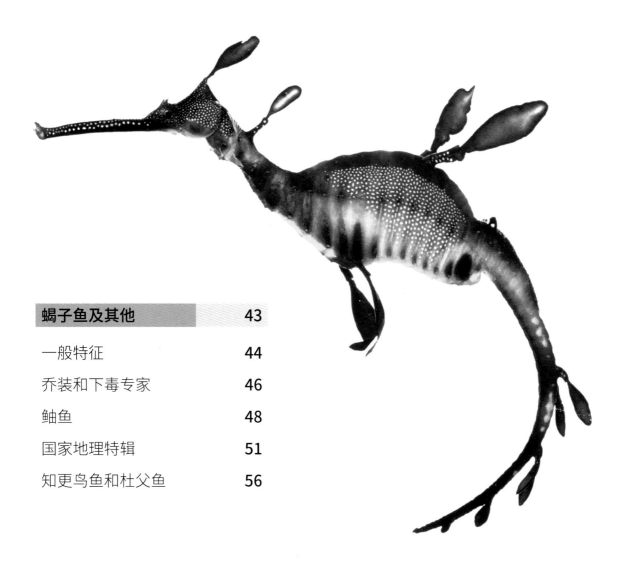

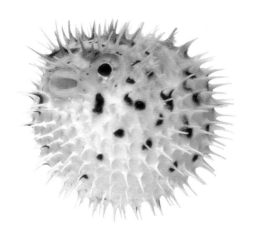

国家地理视角

海洋生物的多样性

隐藏在礁石中的生物

对于观赏者来说，它的外形可能很奇怪，但这种奇怪的外形却正是草海龙（*Phyllopteryx taeniolatus*）最显著的特点。独特的身形和颜色让它可以隐藏在珊瑚和海藻之中，甚至连捕食者也无法发现它的踪影。

鱼群

在美国加利福尼亚
海岸的海藻群中，蓝平
鲉（*Sebastes mystinus*）
鱼群好像水中的漩涡
一般，静静地迁徙着。
通常情况下，拟鲔平鲉
（*Sebastes serranoides*）
或者其他同科鱼类也会
加入迁徙的大军中。

色彩和不对称

在大洋洲所罗门群岛的深海中，栖息着一条豹纹鲆（*Bothus pantherinus*）。身上的斑点能让它完美地隐藏在淤泥里，它还可以变色，这种强大的适应能力有利于它捕食猎物和躲避天敌。在进化过程中，它的右眼移到了左边。

鳕鱼、无须鳕及其他

这个类别的鱼类有着极其重要的商业价值。它们有 2 或 3 个柔软的背鳍，颌骨下面的触须具有味觉功能。通常会形成规模庞大的鱼群。但是，人类的过度捕捞和气候的变化影响了该鳕形目中的大部分鱼类，使它们的生存状况岌岌可危。

一般特征

　　这类鱼很有特点，它们的胸鳍有大约 11 根鳍条，一旦舒展开来，就正好位于颈胸部上方或下方。大多数鳕鱼都有着长长的背鳍和臀鳍。鱼鳞通常是呈旋轮线状的。颌骨前的舌头能伸得很长。鱼鳔没有气管，有些鳕鱼甚至没有鱼鳔。

门：	脊索动物门
纲：	鱼纲
目：	鳕形目
科：	11
种：	500

显著特点

　　鳕鱼及其同科鱼类身形多样，对环境的适应能力很强，具有独特的生活习性。有些鳕鱼喜欢在白天形成鱼群并进行捕食活动，例如大西洋鳕（*Gadus morhua*）。其他种类的鳕鱼生活在阳光无法到达的深海，即使这样，个别鱼类仍然只在夜间活动。有些鳕鱼生活在开阔的海域或较浅的水域中，如赫氏无须鳕（*Merluccius hubbsi*）。它们在海底休息一个白天后游到海面捕食沙丁鱼、凤尾鱼等作为食物。其他鳕鱼都有触须，有些甚至有细如长丝的胸鳍。这些结构组成了敏感的触觉器官。一些鳕鱼（长尾鳕科）有发光器官，可以在黑暗中利用发光器官和同伴交流、传递信息。

大西洋犀鳕

　　大西洋犀鳕属于犀鳕科，主要分布在热带和亚热带海域。它们很少进入河口，是热带海域仅存的一个鳕鱼种类。属于小型深海鱼，身长通常不会超过 12 厘米。它们有修长的身形、细长的臀鳍和较大的鳞片，通常没有触须。不同种类的成年鳕鱼和幼年鳕鱼会进行大规模的垂直迁徙。

歪尾鳕

　　歪尾鳕属于多丝真鳕科，是深海鱼，主要分布在新西兰和澳大利亚周边的海域，栖息深度为水下 250~800 米。至今，人们对于它们的行为方式和繁殖习性都知之甚少。它们的身形修长而且扁平，体长可达 35 厘米，嘴大，无触须。

鳕形目
鳕形目的鱼有一个显著特点：鱼鳍的鳍条是软的。另外，大部分鳕形目的鱼腹鳍位于胸鳍之前。除了一种鳕鱼外，其他种类的鳕鱼都生活在海洋中。

水下交流

有些鳕鱼以特殊声音作为媒介进行交流，这种情况在繁殖期尤为常见。当它们感觉自己受到威胁时，会发出恐吓对方的声音将其吓跑。另一方面，它们发出声音是为了与移动中的鱼群保持联系。这种情况下发出的声音叫作聚合音。此外，当它们被捕食者捉住时，会发出持续的甚至强烈的震动，有时可以通过这种方式摆脱捕食者的控制，实现自救。

声源

发音器官是鱼鳔，声音在肋骨肌肉收缩后得以传播和扩大。

1 放松状态下

当肌肉不与鱼鳔接触时，无法产生声音。肌肉受脊柱神经支配而产生运动。

2 反抗状态下

当肌肉在鱼鳔上颤动时，能够产生声音。会通过肌肉的冲击或振动发出咕噜咕噜的声音。

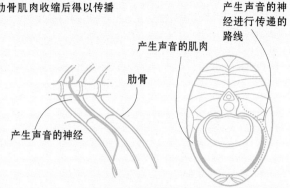

产生声音的神经进行传递的路线

产生声音的肌肉

肋骨

产生声音的神经

它们有两个挨在一起的背鳍：第一个背鳍的基部比较窄，整体却很高；第二个背鳍比较长，基部甚至可以到达尾鳍处。

鳕鱼

鳕鱼分布于北冰洋、大西洋和太平洋，通常栖息于寒冷水域。只有一种鳕鱼栖息于淡水中。大多数鳕鱼栖息于底层或底层附近，以鱼类和无脊椎动物为食。如果觉得受到了威胁，它们会发出咕噜咕噜的声音。多数会结成鱼群进行大规模迁徙。人类捕捞量最大的海洋生物是鲱科（包括鲱鱼、沙丁鱼和与其较相似的鱼），其次是鳕科。

北鳕和江鳕

江鳕科鱼类主要分布在北冰洋、大西洋和太平洋。江鳕是江鳕科中唯一一种在欧亚大陆及北美淡水环境中生活的鳕鱼。

阿根廷水鳕

鼠尾鳕科是一个庞大的群体，包括30多属的300多种生物。以硕大的脑袋和长长的尾巴著称。虽然它们几乎遍布所有大洋，包括北冰洋和南极洲附近海域，但是它们中的大多数仍偏爱热带地区的深海。有些阿根廷水鳕甚至生活在几乎完全黑暗的水下6000米处。它们在那里以海底沉积层中的生物为食。它们的腹部有一个特殊的器官，可以产生一种细菌，使其发光。其他的阿根廷水鳕以鱼类、鱿鱼和甲壳类动物为食。

大洋黑鳕

大洋黑鳕属于黑鳕科，生活在大西洋和太平洋南部水域。它们和卡波内罗鳕、桑葚鳕（稚鳕科）比较相似，身形修长，身长通常不超过28厘米。

无须鳕

属于一个小科（无须鳕科）。在南北半球温带、寒带海域都有分布，但大多数分布于南半球海域。捕食能力很强，以鱼类为食，但也吃鱿鱼和甲壳类动物。有些鳕鱼是群居动物，具有重要的商业价值。近年来，由于人类捕捞活动的增加，很多鱼类的生存受到了威胁。

绿鳕和南美犁齿鳕

大约有100种，遍布全球。但是，人们对这个科（稚鳕科）却知之甚少。它们身形修长，通常栖居在深海，不群居。

短须鳗鳞鳕

人们对南极鳕科的了解也不多。它们只生活在南半球，尤其是南极附近。背鳍、臀鳍和尾鳍都连在一起。

犁齿鳕

犁齿鳕是大西洋的特产，与其他褐鳕科的鱼类一样都栖居在温带海域的海底。一些褐鳕科的幼鱼会在海湾生活一段时间。

细身黑鳕

细身黑鳕属于黑鳕科，是大西洋和太平洋南部海域的特产。身形修长，和稚鳕科很相似。

迁徙

有些鳕鱼和无须鳕栖居在大陆坡海域。该地区有陡峭的斜坡，常年黑暗，使得捕食异常困难。白天，鳕鱼待在海床上几乎一动不动。但会在夜间游到海平面附近。有些鳕鱼在幼鱼期也进行迁徙活动，但通常时间不长。

过度捕捞的威胁

　　鳕形目的鱼是世界上最具商业价值的鱼类之一。由于鳕鱼遍布于广阔的海洋中，并通常以群居的方式生活在较浅海域，因此非常容易被人类捕捞。然而，过度捕捞威胁了鳕鱼的生存，同时也威胁了以捕鱼为生的渔民。

捕捞史

　　过度捕捞是指捕捞的数量远远超过了鱼类自身繁殖的数量。过度捕捞带来的后果是海洋环境受到破坏、生物种群濒危、生物链受到威胁，人类的生存甚至也受到了相应的影响。虽然捕鱼在有些地区是非常重要的生产活动，但也不能忽视过度捕捞带来的影响。这些影响是复杂的、难以估量的，对捕鱼业的影响也是不尽相同的。在这个问题上，鳕鱼就是一个很好的个例。20 世纪 80 年代末期，鳕形目的捕捞量约为 1510 万吨（世界海鲜卸载量的 17%）。其中，95% 是鳕科（鳕鱼及其同科鱼类），无须鳕科（无须鳕及其同科鱼类）的数量居第二。几个

世纪以来，大西洋鳕（*Gadus morhua*）的捕捞一直是一项很重要的经济活动，影响着大西洋北部沿岸国家的文明进程。直到 20 世纪 90 年代末期，该物种一直承受着巨大的生存压力。从那时开始，现代捕捞技术的不断改进和生存环境的不断改变瓦解了鳕鱼的生存条件。现在，世界自然保护联盟已经将该物种列为濒危物种。由于过度捕捞，该物种受到了极大影响，数量急剧下降。商业捕捞和物种繁殖数量的估值都达到了 1960 年以来的最低值。捕捞限制得到了严格的监管，很多重要的捕鱼区已经关闭，这些都是针对该物种的低数量所采取的措施。1992 年，加拿大和纽芬兰的商业捕捞

几乎使该物种濒临灭亡，因此导致渔业进入暂休期。这使很多渔民失去了工作和收入，对加拿大经济造成了负面影响。

标志性事件

　　世界自然保护联盟将黑线鳕（*Melanogrammus aeglefinus*）列为"极度濒危物种"。该物种在北大西洋海域的繁殖数量从 1978 年的 7.6 万吨急剧下降到 1993 年的 1.2 万吨左右。于是，政府采取了一些措施以减缓下降的速度。1998 年，明确黑线鳕的数量为 4.19 万吨。然而，现在的繁殖数量

具体问题

　　1997 年，对赫氏无须鳕（*Merluccius hubbsi*）的捕捞反映了一个令人担忧的问题，即小型渔业作坊的问题。同年，政府禁止在阿根廷和乌拉圭的共同捕鱼区捕捞幼鱼。最严重的问题摆在了人们面前：鱼类的繁殖能力下降了。近些年，不加选择的捕捞活动使得鳕鱼的死亡率大大升高。同时，鳕鱼的繁殖能力也下降了近 30%。

还是低于正常发展所需要的标准。虽然世界自然保护联盟将黑线鳕重新归类到"濒危物种"，但它们的生存仍然面临着很多威胁。

无须鳕

无须鳕科包括无须鳕属和尖尾无须鳕属，具有极大的渔业价值和商业价值。它们是人类捕捞最多的深海鱼类之一。人们用不同的渔网捕捞它们。有些鳕鱼，例如阿根廷水鳕，是一些小型渔业作坊的捕捞目标；另一些鳕鱼，例如欧洲鳕鱼和非洲鳕鱼，是一些复合型渔业作坊的捕捞目标；而新西兰鳕鱼则是附属捕捞物。不论在哪种情况下，无须鳕都是捕捞数量最多的渔业产品。从1960年开始，对无须鳕的捕捞就一直呈现增长趋势，在1973年达到了顶峰，年捕捞量为200万吨。随后一直到1999年，年捕捞量一直在上下波动，但是大多数情况下，对无须鳕的捕捞都属于过度捕捞。

气候变化

繁殖鱼群的规模和产卵数量之间的关系受到海水温度和甲壳类动物捕食情况的影响。如果北半球的海水按照预计的速度持续升温，这种甲壳类生物存活下来的可能性就会大大降低。

处于危险之中的鳕鱼
由于鳕鱼（尤其是大西洋鳕鱼）数量的下降，其捕捞量也大大降低。很多传统渔民依然以捕捞鳕鱼为生，尽管捕捞的数量受到了严格的规定。

鲳鱼

| 门: 脊索动物门 |
| 纲: 辐鳍鱼纲 |
| 目: 鳕形目 |
| 科: 鳕科 |
| 种: 24 |

鳕鱼是身长可以达到两米的海洋鱼类，主要分布在两极地区和温带海域，绝大多数在北半球。所有鳕鱼都有背鳍和一对臀鳍，没有脊柱。它们通常会结成鱼群进行长距离的迁徙和捕食活动。

Arctogadus glacialis
北极鳕

体长: 31~33 厘米
体重: 180 克
保护状况: 未评估
分布范围: 北极圈、大西洋东北部海域

北极鳕的外形优雅，尾巴分叉，嘴巴突出。通体银白，背部有豹纹状斑点。鱼鳍为黑色，鱼鳍与基部连接处有一条浅色条纹。北极鳕鱼是区域生物链中重要的一环，它们是很多鱼类、鸟类、海洋哺乳动物

没有触须的下巴
这是一个与众不同的特征，因为鳕鱼科的其他鱼类都有触须。

适应性
抗寒蛋白使得它们可以在寒冷的水域中生存。

的主要食物。它们栖息在水下 20~45 米深的地方，有时可深入到水下 1000 米。它们是定栖类动物，分布广泛。偏爱低于 4 摄氏度的水温。幼鱼以海面浮游生

物为食。成年鱼以蠕虫、海蟹、海虾、软体动物和其他较小的鳕鱼为食。

Boreogadus saida
北鳕

体长: 30 厘米
体重: 200 克
保护状况: 未评估
分布范围: 太平洋、北冰洋和大西洋北部海域

北鳕身形修长，尾鳍分叉明显。嘴巴突出，下巴上有小触须。通体银白，全身都有棕色的斑点。栖息于沿海海域，从海平面到深海都有它们的身影，有时甚至可达水下 900 米的深度；也经常去海岸线附近生活。

血液中有抗寒蛋白，比较喜欢 0~4 摄氏度的水温，但也可以在更寒冷的温度下生存。北鳕血液中的抗寒蛋白，能使它们有效抵御寒冷。它们会结成鱼群来捕食浮游生物和磷虾，同时它们自己也是肉食性鲸类、海豹和远洋鸟类的食物。

繁殖
北鳕一生只在海岸边产一次卵。雌性北鳕平均产卵 1.2 万枚。

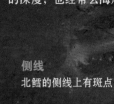

侧线
北鳕的侧线上有斑点。

Micromesistius australis australis
南蓝鳕

体长: 80~90 厘米
体重: 750~850 克
保护状况: 未评估
分布范围: 南美洲南部和新西兰海岸海域

南蓝鳕身形呈纺锤状，背部为深蓝色，侧面有平行于背部的侧线，腹部呈银白色。背鳍、胸鳍和尾鳍为深色，腹鳍和臀鳍为浅色。头小眼大，嘴巴有半身长，牙齿很小。栖息深度为 50~900 米，适宜温度为 3~7 摄氏度。以浮游动物为食，同时也是巴塔哥尼亚地区肉食海洋生物的主要食物。夏天，它们生活在深海之中；冬天，它们成群地返回沿海海域。生活在新西兰海岸的南蓝鳕和南美洲的南蓝鳕没有任何关系，它们属于不同的鱼种。

Gadus morhua
大西洋鳕

体长：1~1.90 米
体重：60~100 千克
保护状况：易危
分布范围：大西洋北部和北冰洋海域

大西洋鳕身形匀称，背部颜色由棕色渐变为绿色或灰色，有深色斑点；腹部淡化为白色或银白色。身上有一条细长的、弯曲的侧线，延伸到胸鳍下方。上颌骨比下颌骨更突出，下颌骨上有一根白色的触须，呈钩状向下延伸。

它们的食物小到无脊椎动物，大到鱼类（主要是鲱属），捕食不分昼夜。白天不觅食时它们会结成鱼群，保护自身不受天敌追捕。通常栖息在水温 2~10 摄氏度的寒冷水域，一般在中部或海底附近，栖息深度可达水下 600 米。它们的繁殖取决于是否出现浮游生物，因为幼鱼以浮游生物为食。它们向北部迁徙的路线是按照鱼群过往惯例确定的。大西洋鳕一直以高价值的鱼肉和肝油为人们所熟知。

繁殖
雌性大西洋鳕每次可以产900万枚卵。每年一次产卵期，高峰期为冬、春两季。

移动
通常在中部海域形成大规模鱼群

Pollachius pollachius
青鳕

体长：90~130 厘米
体重：15~18 千克
保护状况：未评估
分布范围：大西洋东北部海域和欧洲沿海

青鳕全身覆盖着小小的鳞片，有突出的颌骨、锋利的牙齿，可以精准地进行捕食活动。它们没有触须，背部为深棕色，腹部为银白色，栖息于冷水，喜结群，喜欢有岩石的近岸海域。它们主要以鱼类为食，偶尔也吃头足动物和甲壳类动物，如虾和蟹。可以存活 10~15 年，在 4 岁时达到性成熟。身形较大、年龄较长的青鳕生活在较深的海域。

Merlangius merlangus
牙鳕

体长：40~70 厘米
体重：5~7 千克
保护状况：未评估
分布范围：大西洋东北部、地中海、黑海和爱琴海海域

牙鳕身形修长，头部尖窄，颌骨突出，触须较短或没有。以小型鱼类、软体动物、双壳类动物、多毛虫和头足类动物等为食。生活在 25~200 米深的淤泥、卵石或沙子的底层水域中。一岁以后迁徙到开阔的海域，那里有成群的牙鳕在等待着产卵。

Trisopterus luscus
条长臀鳕

体长：30 厘米
体重：1.5~2.5 千克
保护状况：未评估
分布范围：大西洋东北部、地中海

条长臀鳕身形修长，有 3 个分开的背鳍和臀鳍。嘴巴能伸缩。背部呈青铜色，边线呈深色，腹部呈银灰色。鱼鳍的颜色更深，接近黑色。栖息于寒带或温带海域 100~300 米深的底层水域。通常在冬春两季繁殖：雌性条长臀鳕可以产下 40 万枚卵，但容易被洋流打散。以小型甲壳类动物、蠕虫、软体动物和多毛虫等为食。年幼的条长臀鳕会聚集成巨大的鱼群活动。

鱼群
通常是大小、年龄相同的鱼类聚集为鱼群。

适应力
触须用来触碰海底和食物

无须鳕及其他

门：脊索动物门	
纲：辐鳍鱼纲	
目：鳕形目	
科：4	
种：458	

无须鳕科生活在大西洋和太平洋东南部；褐鳕科分布在大西洋、加勒比海和地中海；鼠尾鳕科生活在深海，由于其身形窄小，脑袋却宽大，因此也叫作"老鼠的尾巴"；江鳕科是海鱼，只有一种江鳕生活在淡水里。

Lota lota
江鳕

体长：1~1.5 米
体重：27~34 千克
保护状况：无危
分布范围：欧亚大陆

江鳕的身形为长圆柱状，背鳍和臀鳍长度约为身体长度的一半。身体呈深黄绿色，有深色斑点。数量众多，栖居在氧气充足的北部河流和大湖泊中。在有盐度的河口处也有它们的踪迹。以小鱼和大型无脊椎动物、浮游生物、甲壳类生物、水昆虫和鱼卵为食。在 2~3 岁时达到性成熟。

它们是定栖类动物，但也进行短距离迁徙。在夜间进行繁殖，交配的对象多至 20 条，它们在河流下游形成一个直径 6 米的圆圈，并不断运动，排卵、排精。鱼卵的孵化时间在 40~70 天之间。

行为
和多数淡水鱼相比，江鳕在冬天很活跃，甚至在冰层下也是如此

颜色
身体的颜色能帮助江鳕隐藏在石头和植物之间

触须
江鳕只有一根长而有力的触须，在捕食时很有用处。

胸鳍
胸鳍有助于江鳕在海底移动。

Merluccius hubbsi
赫氏无须鳕

体长：60~90 厘米
体重：6~8 千克
保护状况：未评估
分布范围：南美洲大西洋海域

赫氏无须鳕身形为纺锤状，头部很短，呈圆锥形。胸鳍短而宽，尾鳍像被截断了一样。背部呈青灰色，腹部呈白色。雌性赫氏无须鳕的数量比雄性多，几乎全年都可繁殖。主要栖息在水下 200 米深、4~7 摄氏度的海域，并在那里进行垂直迁徙。夏天向南迁徙到较浅海域，冬天再往北迁徙。成群地生活在大陆坡上，主要以小型鱼类、鱿鱼和大型浮游动物为食。同时，它们也是鳐和鲨鱼的食物。人们每年都会大量捕捞赫氏无须鳕，其具有重要的地域性价值。

Hymenocephalus italicus
大西洋膜首鳕

体长：20~25 厘米
体重：250~300 克
保护状况：未评估
分布范围：美洲、非洲沿岸的大西洋海域

细长的尾巴
细长的尾巴使它们有了另外两个名字：老鼠尾巴和壁虎鱼。

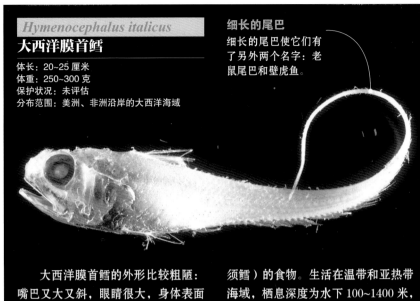

大西洋膜首鳕的外形比较粗陋：嘴巴又大又斜，眼睛很大，身体表面不对称且粗糙，背鳍小而多鳍条，胸鳍很小。身体其他部分较窄，比头部低。身体呈银白色，部分透明，头部尤其明显。

大西洋膜首鳕主要以深海桡足亚纲动物、端足目动物、海虾、对虾、甲壳类动物和小型鱼类为食。同时，它们也是一些鳕鱼（例如北美大鳞无须鳕）的食物。生活在温带和亚热带海域，栖息深度为水下 100~1400 米，主要集中在水下 500 米处。

颜色
大西洋膜首鳕体色很浅，因为它们长期生活在太阳光无法到达的地方。

Coelorinchus fasciatus
斑纹腔吻鳕

体长：40 厘米
体重：400 克
保护状况：未评估
分布范围：大西洋、太平洋南部海域

斑纹腔吻鳕身体很高，头坚硬，眼大。身体后半部是尖尖的。肛门前面有一个发光器官。体被栉鳞，按行排列。嘴巴和腹部在同一高度，相对较小，触须很短，两颌的牙齿很小。身体呈浅棕色，好几条鱼线垂直分布在鱼身上。这些线使得它们能够很容易地和周围相似的鱼类区分开来。斑纹腔吻鳕的腹部呈蓝色，肛门周围更蓝，鱼鳍为黑色。如果鱼梗骨受损，可以自动修复。

以深海、海底甲壳类生物为食。主要生活在水下 400~800 米的海域，尽管在水下 50 米或 1100 米的地方也偶有分布，但是温度一定要在 4~6 摄氏度之间。

Albatrossia pectoralis
细鳞状鳕

体长：8.5~21 厘米
体重：0.86~1.9 千克
保护状况：未评估
分布范围：亚洲和北美洲沿岸的太平洋北部海域

细鳞状鳕嘴巴很大。和窄小的身体相比，头部和腹部也很大。身体颜色很浅，呈浅灰棕色，侧面的条纹颜色和鱼鳍的颜色都很深，尾鳍尖呈玫瑰红色。

在底层或中层海域捕食，主要以头足动物、鱼类、对虾和少量的海胆、蠕虫、蟹和端足目动物为食。卵生，幼体为浮游生物。也属于定栖类生物（不进行迁徙），栖息深度为 140~3500 米，但通常栖息于 700~1100 米深、水温 4~7 摄氏度的水域中。寿命可达 50 年以上。是壮鳕属的唯一成员，也是唯一具有又长又尖尾巴的鼠尾鳕科鱼类。

Urophycis chuss
红长鳍鳕

体长：66 厘米
体重：3.6 千克
保护状况：未评估
分布范围：北美洲北海岸的大西洋西北部

红长鳍鳕有两个背鳍、一个和尾鳍分开的臀鳍。身体的颜色在红青色和棕色之间变换，背部呈黑色，有时也会出现斑点。体侧较白，有深色的斑点；腹部和头部下方近似白色；鱼鳍呈深色。通常栖息于 110~130 米深的温带海域，有时也会深入到水下 1100 米，但水温通常在 8~10 摄氏度之间。它们在海底的泥沙中捕食，避免碰到岩石或碎石。幼鱼生活在较浅海域，成年鱼则生活在较深海域，夜间捕食对虾、端足目动物、其他甲壳类动物和鱿鱼。白天则待在海床周围。鱼卵透明，产卵后会让鱼卵漂浮在海中直至孵化。

迁徙
红长鳍鳕是大洋洄游性动物，它们只在大陆架区域进行迁徙。

银汉鱼和鲻鱼

大部分银汉鱼和鲻鱼都成群生活，鱼群数量很大，作为一个整体移动。鱼身的颜色比较暗，色彩也比较单一，有助于它们形成一个整体。它们是杂食性动物，擅长游泳。人类和很多大型鱼类都在寻找这两种鱼的踪迹。

一般特征

鲻鱼和银汉鱼的鱼肉都很珍贵，海水和淡水中都有它们的身影。它们是群居动物，颜色不太引人注目。除非有特殊情况，否则总是成群活动。在鱼群中，雄性鱼和雌性鱼的差别很大。它们的颌骨上有细小的牙齿或者没有牙齿。食性杂，不专一，鱼类、甲壳类动物都可作为它们的食物。采取体外受精的方式繁衍后代。

| 门：脊索动物门 |
| 纲：辐鳍鱼纲 |
| 目：2 |
| 科：1 |
| 种：81 |

共同特点

鲻鱼和银汉鱼的腹鳍位于胸鳍的后方。总体来说，这些鱼的显著特点就是有两个分开的背鳍。银汉鱼有灵活的鱼鳍，鲻鱼有 4 个强劲而有鳍条的鱼鳍，这是它们远游的保障。鲻鱼和银汉鱼是远亲，根据其相似的生活方式可以找到共同特点。它们都非常活跃，不停地游泳，包括那些生活在河流与湖泊中的鱼类，如黑带银汉鱼科的鱼类。鱼鳔是重要的呼吸器官，为鱼提供浮力。鱼鳔和消化系统没有直接关联，但是通过毛细血管网进行气体交换，而这有助于鱼鳔内氧气和二氧化碳的扩散。

特殊的繁殖方式

精器鱼科（银汉鱼目）的成员都是半透明的鱼类。雄性鱼的腹鳍都聚集在一起，构成了性交器官的一部分，位于胸部。所谓的阴茎持续勃起主要靠腹鳍的肌肉和骨骼，腹鳍会移动到喉部的下方。雌性鱼没有腹鳍。

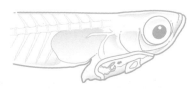

雄性
腹鳍进行部分改变以适应阴茎的持续勃起。腹部的尾骨肌也是雄性精器鱼的显著特征。

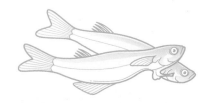

交配
由于繁殖器官的特殊构造，雄性精器鱼在交配时会紧紧固定住雌性精器鱼。它们会交配一段时间，结束时会疯狂地甩开对方。

银汉鱼
银汉鱼目都有一个显著的特征：它们的侧面都有一条白色的条纹。有些银汉鱼的背鳍和臀鳍是线形的。

银汉鱼和鲻鱼都对海水的盐度有很强的适应性。有些银汉鱼和鲻鱼能适应湖泊、河口环境的不断变化；另一些可以从大海迁移到湖泊或河流中，例如机鲻（*Mugil platanus*）。侧线是水生动物的重要器官，成年鱼身上的侧线已经不明显，有些银汉鱼或者鲻鱼甚至没有侧线。鲻鱼及其同科鱼类在形态和生活习惯上属于同一目。都是深海鱼，群居，成群游动。分布在温带和热带沿海水域。侧面和胸部呈白色，背部呈青灰色。银汉鱼及其同科鱼类可以和海水或淡水中生活的鱼类聚集为鱼群。它们的明显特征是身体中间的一条银白色的线。

食物

银汉鱼和鲻鱼是杂食动物，通常吃藻类植物。成年银汉鱼和鲻鱼的肠道很长，肌肉发达，例如鲻鱼的肠道就能够消化并吸收大量营养物质。从这个角度来说，银汉鱼和鲻鱼可以归为浮游食性动物，喜欢吃经过鳃过滤的小型海藻和硅藻，也吃海底泥沙中的有机岩屑。鲻鱼的捕食活动是每天都要进行的，也会根据海水温度和天敌的多少进行季节性的调整。不同种类的鱼各自聚为鱼群，在夜间尤其如此。银汉鱼和鲻鱼的数量之多使其成为食物链中重要的一环，它们是很多脊椎动物和无脊椎动物的天敌。

繁殖

由于所有鱼类都是群居生物，成千上万条鲻鱼及其同科鱼会聚集成鱼群，一同游到产卵地，在较浅的海域产下鱼卵。一些生活在河流中的鲻鱼会游到盐度较低的水域中产卵。另一些鲻鱼会在河流上游产卵，幼鱼会在再次游回上游之前在短时间内被水流冲走，鱼卵得不到应有的照看。有些鱼卵漂浮在水中，另一些则附着在岩石和周围有黏性物质的植物上。幼鱼在消耗完卵黄之后，就以小型无脊椎动物和藻类为食。鲻鱼通常在海湾、湖泊和河流中生活，只有达到足够的年纪才会进行繁殖。银汉鱼及其同科鱼在繁殖之前不会进行长时间的求偶。银汉鱼会产下大量鱼卵，这些鱼

卵大都是通过体外受精得到的，尽管也有一些是通过生殖器官接触来完成体内受精的。鱼卵成排地附着在水生植物上。有些种类的鱼会游几千米，把卵产在河流或海湾中，幼鱼可以在那里自己觅食。幼鱼成年之后才会回到海洋生活，银汉鱼中的很多种类都是这样（所有的牙汉鱼属）的。

成长

银汉鱼目的幼鱼有一些共同特点，例如身体呈黄绿色，腹部有金属光泽，鱼鳍很发达。

颜色
银汉鱼的颜色主要体现在垂直鱼骨和头部周围。

内脏
银汉鱼的内脏外覆盖着一层蓝色的、有金属光泽的反射层。

鱼鳍
银汉鱼卵的鱼鳍在孵化之后才变得比较明显。

鲻鱼
鲻形目的深海鱼类有一个显著特点：有两个分开的背鳍。有些鲻鱼的颌骨突出，有很多牙齿。

彩色的鱼

与银汉鱼目中的其他鱼不同，有些鱼的颜色引人注目，且具有性别二态性。所谓的彩虹鱼（黑带银汉鱼科）、蓝眼睛鱼（鲻银汉鱼科）、蜡烛鱼（沼银汉鱼科）等鱼除了身体的颜色醒目之外，鱼鳍的颜色也很多彩。

拉迪氏沼银汉鱼
Marosatherina ladigesi
这个名字得益于它的身形，背鳍、臀鳍的形状和颜色。背鳍和臀鳍很长，通常为黄色和黑色。

格氏似鲻银汉鱼
Pseudomugil gertrudae
它有深邃的蓝眼睛，鱼鳍较大，呈黄色、蓝色或绿色，且伴有黑色斑点。雌鱼体形更加瘦小。

三带虹银汉鱼
Melanotaenia trifasciata
三带虹银汉鱼会在不同的地方变成不同的颜色。它可以在蓝色、红色、绿色和黄色之间变化。

鲻鱼

门:	脊索动物门
纲:	辐鳍鱼纲
目:	鲻形目
科:	鲻科
种:	**72**

　　鲻鱼的主要栖息地为热带、温带海域，也有一些生活在海湾和淡水水域。现在，鲻鱼是辐鳍鱼纲中最基本的鱼类。聚集为鱼群，以岩屑和海底小型海藻为食。它们的肠道非常长，足可以消化这些食物。有些鲻鱼没有牙齿，另一些鲻鱼即使有牙齿，也非常细小。

Mugil cephalus
鲻

体长: 1.2 米
体重: 12 千克
保护状况: 无危
分布范围: 热带、亚热带、温带所有海域

　　鲻的地理分布范围很广，生活在沿海海域和海湾中，也可以溯游到河流。通常生活在水下 10 米，也可以深入水下 120 米。一般在白天活动，通常聚集成鱼群。鲻偶尔会跃出海面，可能是为了捕食，也可能是为了躲避天敌。以浮游生物、岩屑、小型藻类和海底有机生物为食。在淡水中生活时，主要以水藻为食。在其生命周期中，并没有一定要在淡水中生活的阶段。秋季为繁殖季:

成年鱼成群结队地游到更深的海域，并在那里产卵；幼鱼则游到水温更高的海湾和海洋中。

食物
鲻以附着在海牛身上的藻类为食。

胸鳍
和大多数鱼不同，鲻的胸鳍嵌在鱼背部更加靠后的位置。

颜色
鲻的背部为橄榄绿色；腹部为白色；侧面为银白色，有时伴有黑色条纹。

食岩屑
当鲻需要在海底沉积物表面寻找食物时，会重新回到海底。因此，鲻在河流生态系统的能量转换中起着很重要的生态作用。

Mugil curema
库里鲻

体长: 90 厘米
体重: 680 克
保护状况: 未评估
分布范围: 大西洋东海岸和西海岸、太平洋东海岸

　　库里鲻的背部呈蓝色或绿色，侧面呈银白色。这些颜色能使它们和周围的环境很好地融合在一起，以躲避天敌。幼鱼的鳃盖后有一块金色或黄色的斑点。库里鲻是鲻鱼中最常见的品种。主要生活在沿海海域的泥沙底层水域，也可生活在湖泊或河流的泥底。是深海鱼，成群生活。在淡水中生活的库里鲻要到海中产卵。库里鲻雌雄同体，产卵的同时也会留下精子。幼鱼出生时，包裹在卵黄囊中，不需要捕食。出生28天后，幼鱼会从海中迁徙到海湾或湖泊中。

Crenimugil crenilabis
粒唇鲻

体长: 60 厘米
体重: 750~850 克
保护状况: 未评估
分布范围: 印度洋、太平洋、红海海域

　　粒唇鲻栖息于海洋或咸水水域。栖息深度可达水下 20 米，但通常在海洋表层生活。主要栖居在珊瑚礁周边区域、潮间带、泥底湖泊中。是杂食性动物，在觅食过程中会过滤掉海底沉积物，留下岩屑、藻类和微生物。在繁殖季会成群产卵，通常是夜间在浅而开阔的海域产卵。鱼卵在深海生存，不附着在任何生物上。

银汉鱼

门：	脊索动物门
纲：	辐鳍鱼纲
目：	银汉鱼目
科：	9
种：	353

银汉鱼不仅生活在海洋中，也生活在淡水和盐水中，尤其是温带地区的水域。它们身上布满银白色鳞片，侧面有一条闪亮的银白色条纹。有的银汉鱼是五颜六色的，有两个背鳍，前面的背鳍灵活且鳍条多。成千上万条银汉鱼会聚集在一起生活。

Atherinomorus lacunosus
南洋美银汉鱼

体长： 25 厘米
体重： 200 克
保护状况： 未评估
分布范围： 印度洋、太平洋、从非洲东部一直到夏威夷附近海域

颜色
体色在棕色、明黄色和绿色之间变换。背部的二分之一呈较深的颜色。

南洋美银汉鱼生活在有珊瑚礁的热带和亚热带海域。栖息深度可达水下 40 米。也可以在盐水中生活。成群地生活在沙滩和珊瑚周围。以浮游生物和小型海底无脊椎生物为食。南洋美银汉鱼是很多大型鱼类的重要食物。南洋美银汉鱼的商业价值主要体现在它作为食物而非鱼饵。

Hypoatherina barnesi
巴氏下银汉鱼

体长： 10 厘米
体重： 750~850 克
保护状况： 未评估
分布范围： 印度洋、太平洋

巴氏下银汉鱼体形虽小，但成群生活，这是它们对付天敌的策略。很多大型鱼类都以小型银汉鱼为食。当它们成群生活时，更容易发现天敌，以便早做应对。人们有时会在白天看到巴氏下银汉鱼跳出水面，这也是为了躲避捕食者。它们栖居在有珊瑚礁的热带海域，或者周围有岛屿的湖泊中。有趋光性。没有商业捕捞价值。

Leuresthes tenuis
加利福尼亚滑银汉鱼

体长： 19 厘米
体重： 180 克
保护状况： 未评估
分布范围： 从美国到墨西哥之间的太平洋海岸

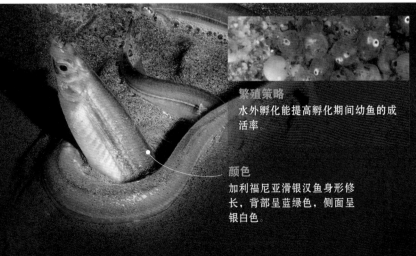

繁殖策略
水外孵化能提高孵化期间幼鱼的成活率

颜色
加利福尼亚滑银汉鱼身形修长，背部呈蓝绿色，侧面呈银白色

加利福尼亚滑银汉鱼生活在亚热带海域水下 18 米的深度。通常活动于沿海海域和海湾表层水域。每年，海滩上都遍布加利福尼亚滑银汉鱼的鱼卵。当潮水涨满时，即月圆之后的 3~4 天，它们会在夜间随着潮水离开海水，来到海滩。雌性加利福尼亚滑银汉鱼会把身子弓在泥沙中，挖一个洞。蜷曲着身体进入洞中，只留头部在外面。它们把鱼卵安放好，等待雄性加利福尼亚滑银汉鱼进入洞中。雄性环绕在雌性鱼周围，留下精子后就返回大海。在退潮之后的 10 天里，鱼卵会在泥沙中孵化。孵化后幼鱼会在下一次涨潮时回到海中。

金鳞鱼及其他

金鳞鱼主要栖息于海底洞穴、深海，属于可变色的中小型鱼类。有些金鳞鱼有明显特征，例如有生物发光器官。它们是一个数量巨大且可变的群体，这也是海洋环境多样性的一种体现。

一般特征

金鳞鱼生活在浅水珊瑚礁周围，鲷和灯眼鱼在深海生活。以小型无脊椎动物和其他鱼类为食。有些金鳞鱼是橙红色的，鳞片很大、尾鳍分叉是其显著特征。远东海鲂及其同科鱼通常生活在深海。它们身形扁平，呈椭圆形，腹鳍比胸鳍长。

| 门：脊索动物门 |
| 纲：辐鳍鱼纲 |
| 目：2 |
| 科：13 |
| 种：162 |

身形特点

金眼鲷目在辐鳍鱼纲中处于中间位置，身体构造比较简单。嘴巴大而斜。金眼鲷目和鲈形目有许多共同特征，例如鳍条多的鱼鳍和闪亮的鱼鳞，由很多小硬骨组成的眶蝶骨。腹鳍位于胸部或小腹部，有3~13个软鱼鳍。人们把金鳞鱼归入鲈形总目，因为它们的尾鳍由18或19个鳍条组成（其他鲈形目鱼的尾鳍都由17个鳍条组成）。眼睛下方的区域可以变小。所有金鳞鱼的眼窝上下的感官血管前半部分都有变化。它们的腹鳍和胸鳍都很特别。

金鳞鱼是中小型鱼类，长度在8~61厘米之间。眼睛很大，有些全身都覆盖着鳞片，眼睛下方有发光器官。人们也根据其腹鳍的软线数量对其命名。金鳞鱼科是数量最多的科，以从头至尾的通体红色著称，尾巴分叉不明显。鳞片有时带鳍条。海鲂目以鳃骨、背鳍骨和头颅骨的共同特点著称。其身形高大、扁平、呈碟片状。上颌骨可伸缩，上颌骨和犁骨上有很多细小的牙齿。成年鱼可改变大小，例如，小海鲂可以从10厘米变到90厘米，5.3千克的南非海鲂也可以改变体形大小。

金眼鲷目
人们不太了解金眼鲷目的鱼类，它们中有些是深海鱼。特点是扁平的身体和大大的眼睛。

假眼

远东海鲂（*Zeus faber*）的侧面都有一块较大的斑点，颜色较深，外围呈黄色。斑点可以给天敌造成困扰，难以区分远东海鲂的真正面貌。

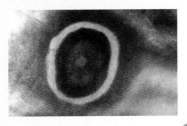

海鲂目
海鲂目的鱼类鱼身坚硬且扁平，有较长的腹鳍。在大陆架周围生活。

大部分金鳞鱼是银白色、青铜色、棕色或者红色的。有些金鳞鱼可以在几秒钟之内从银白色变为深棕色或者灰色。雄性金鳞鱼和雌性金鳞鱼颜色相似。背鳍有 5~10 个鳍条；臀鳍有 0~4 个鳍条；腹鳍有 1 个鳍条和 5~7 个软刺状硬骨，或者没有鳍条（只有 6~10 个软刺状硬骨）；一个尾鳍有 11、13 或 15 个刺状硬骨，有 9、11 或 13 个分叉的线。背鳍、臀鳍和胸鳍都不分叉。没有眶蝶骨和眼下骨。有 7 或 8 条鳃线(也就是说，很多条骨骼支撑着鳃盖下面的区域)和 3~5 个鳃。有鱼鳔。脊柱有 25~46 节椎骨。

栖息地和食物

金眼鲷目有很多不同的栖息地。有些生活在较浅海域的热带珊瑚礁周围或洞穴中；白天休息，夜间捕食。另一些生活在深海（主要在大陆架周围，水下 1609~2012 米之间）。海鲂目的鱼类大多都生活在海底，在大陆架上或者大陆架下。栖息深度为 35~1550 米。有些海鲂目的鱼类经常在两片海域之间游动，也有的生活在海水表层。幼鱼栖息于开阔海域中的特定区域。成年鱼可以在柔软的海底（沙子或淤泥）生活，也可以在坚硬的海底（岩石）生活。是肉食性动物，主要以鱼类为食，但同时吃头足类动物和甲壳类动物。大一些的幼鱼和小一些的成年鱼（甲眼的鲷科和线鳞鲷科）以浮游动物为食（桡足亚纲动物、小鱼和甲壳类幼虫）。大型成年鱼只会被大型捕食者攻击，例如一些鲨鱼。幼鱼和小一些的成年鱼是食肉鱼类的主要食物。

繁殖

海鲂目鱼类有独立的性别，雌性比雄性体形大。它们产卵时难以被发觉。在海中交配，然后排卵、排精。鱼卵和幼鱼起初逗留在深海，之后会漂浮至海洋表面。鱼卵呈球形，直径为 1~2.8 毫米。鱼卵没有巢穴的保护。人们对于海鲂目鱼类的繁殖过程不太了解。据猜测，它们是体外受精，卵子和精子都在体外。交配时，雄性海鲂目鱼类和雌性海鲂目鱼类会发出噼啪声和咕噜声。雄性海鲂目鱼会紧贴雌鱼的一侧，向雌鱼展示它扇形的尾巴。

有发光器的鱼类

灯眼鱼的特别之处就在于它们的生物发光器官。这个特别的科和产生光的细菌之间已经形成了一种共生关系，因为灯眼鱼为微生物提供了生存环境。同时，它们发出的光吸引了浮游动物，这不仅是它们的食物，也是它们和同类进行交流的媒介。一些其他科的鱼类也有发光器官，例如松球鱼科。

停止发光
发光器官被一层深色的细胞膜覆盖。细胞膜在天敌靠近时，可以隐藏其发出的光。

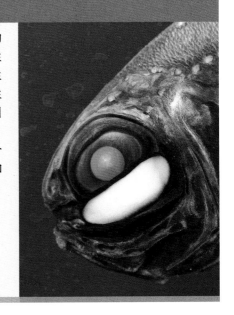

金鳞鱼及其相关鱼类

| 门：脊索动物门 |
| 纲：辐鳍鱼纲 |
| 目：金眼鲷目 |
| 科：7 |
| 种：123 |

金鳞鱼是具有简单而原始特点的海洋鱼类。人们根据其背鳍的形态进行分类，背鳍是金鳞鱼分类的重要依据。金鳞鱼科的鱼生活在珊瑚礁周围，在晚上比较活跃。眼睛很大，大部分都是红色的。有些金鳞鱼生活在深海，有发光器官。

Neoniphon marianus
海新东洋鳂

体长：18 厘米
保护状况：易危
分布范围：从佛罗里达到安第斯山脉的大西洋沿海海域

海新东洋鳂生活在有珊瑚礁的热带海域，栖息深度通常为 30~60 米，有时也在海洋表面生活。鱼身由很多坚硬的鳍条组成，其中臀鳍最发达。前端可以伸长为一根长而尖的鳍条。鳃盖骨的后边缘呈锯齿状。眼睛很大。鱼身呈橙色、黄色和闪亮的银白色。鱼身两边有水平的黄色侧线。

主要以中型虾和蟹为食。不过，对其胃部食物的研究报告显示，它们也吃藻类。

嘴巴
下颌骨比上颌骨突出。

Holocentrus rufus
长刺真鳂

体长：35 厘米
保护状况：未评估
分布范围：从美国的佛罗里达到巴西的大西洋沿岸海域

长刺真鳂体形中等，鱼身微扁平，尾梗修长。尾鳍长且有分叉，上方的鳍条较长。背鳍的硬鳍条有明显的白尖，软鳍条也很长。

栖居在有珊瑚礁的浅水海域。是夜行性动物，白天藏在沟壑或洞穴中，晚上游到柔质海底觅食。以甲壳类动物、软体动物、海星和其他无脊椎动物为食。

Myripristis jacobus
黑条锯鳞鱼

体长：25 厘米
保护状况：未评估
分布范围：热带和亚热带大西洋的东、西海岸

黑条锯鳞鱼身形较扁平。背部呈红色，腹部呈银白色，脑部后面有一条红色和黑色的线。眼睛不大。鳃盖骨没有鳍条，鳃盖骨后方边缘比较光滑，或有一些锯齿。背鳍分为两部分：前半部分的鳍条是硬的，后半部分的鳍条是软的。

栖息范围很广，从有珊瑚礁的较浅海域一直到有岩石的水下 90 米深的地方。主要以浮游生物为食。夜间比较活跃，通常聚集为鱼群生活。

软边
鱼鳍边缘的颜色和鱼身的红色不同。

鳞片
鳞片位于膜上，将背鳍和臀鳍分开。

Neoniphon sammara

条新东洋鳂

体长：32 厘米
保护状况：未评估
分布范围：印度洋、大西洋海域

条新东洋鳂生活在有珊瑚礁和水草的热带海域，栖息深度可达 46 米。鳃盖骨后端呈锯齿状，有两个鳍条。前鳃盖骨的鳍条连着一个有毒的腺体。它们比同类鱼更受关注，也更胆小。白天聚集为小鱼群，在珊瑚礁附近捕食等足目动物。夜间捕食虾、蟹和小型鱼类。

Sargocentron spiniferum

尖吻棘鳞鱼

体长：51 厘米
体重：2.55 千克
保护状况：未评估
分布范围：印度洋、太平洋海域

尖吻棘鳞鱼是同科鱼中最大的代表性鱼类。经常独来独往，栖息于珊瑚礁中。幼鱼生活在海洋表面，这样可以保护自己。栖息深度可达 122 米。白天藏在不同的珊瑚礁中，夜间出去觅食。以蟹、虾和小鱼为食。

鱼身颜色鲜艳，几乎都覆盖着白边红鳞。背鳍呈胭脂红色，其余的鱼鳍呈橙红色。嘴巴很长，颌骨可以延长至眼眶。鳃盖骨后缘呈锯齿状，延展出两个鳍条。前鳃盖骨的鳍条有毒。鼻骨前面也有两个短鳍条。

特点
尖吻棘鳞鱼的眼睛后面有一块胭脂红的斑点，这是区分它和同类鱼的重要依据。

毒性
鳍条的腺体会产生毒素。遇到其他动物时，会释放毒液，毒液通过鳍条注射到其他动物的身上。

Myripristis berndti

伯特氏锯鳞鱼

体长：31 厘米
保护状况：未评估
分布范围：印度洋、太平洋海域

伯特氏锯鳞鱼主要栖居在珊瑚礁周围，会藏身于洞穴和沟壑中，栖息于 3~15 米深的浅水水域，是夜行性动物，以浮游动物为食。身形呈卵状，覆盖着大而粗糙的鳞片，中间为黄红色，边缘是较深的红色。背鳍的颜色从红到黄依次变化。下颌骨比上颌骨突出。眼睛很大。前鳃盖骨的外边是直的，没有鳍条。

背鳍
只有一个背鳍，在最后两个鳍条间有很深的切口。

异同
伯特氏锯鳞鱼容易和白边锯鳞鱼相混淆，但是伯特氏锯鳞鱼的红色较深，背鳍尖也呈深红色。

清洁
有些小珊瑚虫专吃伯特氏锯鳞鱼吃剩下的食物。

Photoblepharon palpebratum

灯眼鱼

体长：12 厘米
保护状况：未评估
分布范围：印度洋、太平洋、红海海域

灯眼鱼生活在珊瑚礁周围，其显著特点是眼睛下方有发光器官。一些科学家认为，这个器官有助于其发现猎物；另一些科学家则认为，发光器官是用来吸引猎物的。发光器官也可以用来躲避天敌：遇到危险时，灯眼鱼会发出快速的闪光，假装向一个方向逃跑，实际上它们已立即关灯从另一方向逃走。栖息深度为 7~25 米。白天隐藏起来不活动。

Anoplogaster cornuta
角高体金眼鲷

体长：18 厘米
体重：无数据
保护状况：未评估
分布范围：温带和热带水域

角高体金眼鲷是深海鱼（生活在深海），栖息深度为水下 5000 米。它们行动缓慢，这样可以避免消耗过多能量，因为深海中可捕食的鱼类很少，能量很难恢复。巨大的牙齿和强健的肌肉给颌骨提供活动的动力，使其能够更高效地捕鱼。捕食到的鱼类被紧紧咬在牙齿之间，即使个头很大也难以挣脱。主要以深海鱼和甲壳类生物为食。通过化学感应系统探测猎物，悄悄靠近，再突然袭击。刚出生的幼鱼是浮游生物。幼鱼通常栖息于海水表层，牙齿比成年鱼小。聚集为小型鱼群，或独来独往。

> **深海区**
> 深海区指水下1000~4000 米深的区域。那里终年黑暗，生存压力极大。

扁平的鱼身
棕色或黑色的小鱼鳞遍布全身。

牙齿
和鱼身相比，牙齿显得很大。

Monocentris japonica
日本松球鱼

体长：17 厘米
保护状况：未评估
分布范围：印度洋、太平洋西岸海域

日本松球鱼全身覆盖着大而结实的鳞片。鳞片为黄色，边缘为黑色。生活在有珊瑚礁的热带海域。栖息深度为水下 10~200 米。经常藏在洞穴或珊瑚里。下颌骨两侧有两个发光器官。发光器官里有能够发光的细菌。其发光颜色随周围光线的强弱而改变，白天是橙色，夜间是蓝绿色。

Plectrypops retrospinis
琉球鳂

体长：15 厘米
保护状况：未评估
分布范围：从美国南部到巴西沿岸的大西洋海域

虽然琉球鳂可以在较浅的海域生活，但它们通常栖居在有珊瑚礁的深海。白天藏在洞穴和沟壑中。以海底无脊椎动物为食，主要捕食虾、蟹和多毛虫。它们体形较小，身体坚实，骨骼围绕眼睛形成，体侧有指向外的短鳍条。尾鳍有圆圆的突起物。

Centroberyx gerrardi
裘氏拟棘鲷

体长：66 厘米
保护状况：未评估
分布范围：主要在澳大利亚南部沿岸太平洋海域

裘氏拟棘鲷生活在温度为 13~18 摄氏度的温带海域，栖息深度为水下 10~500 米。栖居在大陆架的岩石礁和有泥沙的海底场所。鱼身覆盖着橙色的鳞片，侧线呈白色，鱼鳍的前边线也是白色。背鳍连在一起，鳍条很长，由前端一直延伸到后方。腹鳍有一个变形的鳍条。

Beryx splendens
红金眼鲷

体长：70 厘米
体重：4 千克
保护状况：未评估
分布范围：热带和亚热带海域

红金眼鲷分布广泛，栖息深度为水下 400~600 米。成年鱼生活在离大陆架较远的地方，可以到达水下 1300 米的深度，甚至是海底山脉附近的水域。主要以鱼类、甲壳类动物和头足类动物为食。在繁殖季节可以产卵 10~12 次，每次间隔 4 天。鱼卵和幼鱼都生活在深海。

远东海鲂及其他

门：脊索动物门	
纲：辐鳍鱼纲	
目：海鲂目	
科：6	
种：39	

远东海鲂是海鱼，主要生活在深海。总体来说，身形扁而高，颌骨突出。大多数远东海鲂都是白色的，身上有一些深色的斑点。前半部分鱼鳍的鳍条很硬，而后半部分的鳍条很软。

Antigonia rubescens

红菱鲷

体长：15 厘米
保护状况：未评估
分布范围：太平洋、印度洋东部海域

红菱鲷生活在大陆架海域的海水底层，栖息深度为水下 50~750 米，以深海无脊椎动物为食。也可以迁徙到海洋表面生活，以浮游动物为食。

鱼身扁平，从侧面看呈平行四边形。全身覆盖着玫瑰色或者红色的鳞片。嘴巴小且斜，上颌骨突出。牙齿很小，呈圆锥形，两颌都有牙齿，上颚没有牙齿。头部很小，眼睛很大。背鳍前半部分有鳍条，后半部分的鳍条较大且柔软。臀鳍的长相特点与背鳍一样。尾鳍不全，胸鳍有鳍条，比较尖。

小嘴巴
突出的颌骨有助于它们捕食较大的鱼类。

Zeus faber

远东海鲂

体长：40~60 厘米
体重：3.2 千克
保护状况：未评估
分布范围：大西洋东部、太平洋和印度洋西部

远东海鲂通常生活在海底，有时会埋身在泥沙里。有时独来独往，有时聚集为小型鱼群。身体侧扁，头部很大。身体两侧有两个深色的斑点。

Zenopsis conchifer

裸亚海鲂

体长：80 厘米
体重：3.2 千克
保护状况：未评估
分布范围：大西洋和印度洋海岸

裸亚海鲂体形中等，头部和身体扁平，呈银白色，胸鳍背面有一块深色斑点。鱼鳍膜是黑色的。背鳍有 9 或 10 根长鳍条。嘴巴大且斜，上颌突出。牙齿很小，呈圆锥形。有些鱼有尾骨。通常聚集为小型鱼群，在靠近海岸线的水域生活，栖息深度为水下 50~600 米。

Grammicolepis brachiusculus

强枝鲷

体长：65 厘米
体重：无数据
保护状况：未评估
分布范围：大西洋、印度洋、太平洋

强枝鲷栖居在较深的海域，栖息深度为水下 500~700 米，也可达到水下 1000 米。经常在海底活动。鱼身侧扁，覆盖着小鳞片，呈银白色，伴有不规则的深色斑点。嘴巴很小，眼睛很大。背鳍和臀鳍很长，由 30 根鳍条组成。幼鱼身体比成年鱼更加扁平，侧面的鱼骨有毒。

海马及其亲缘鱼类

它们身形修长，身上覆盖着由鳞片和骨环组成的骨骼。不同种类的海马有着不同的管状嘴，但嘴巴都很小。海马之所以有不同的嘴巴，是为了适应不同共生生物的生存环境和食物。大多数海马生活在热带和亚热带海域的水藻和珊瑚礁周围。

一般特征

　　一方面来说，有些海马的身形特别长或者特别扁，但所有海马都由骨环构成。嘴巴很小，位于管状嘴巴的最前方。腹鳍位于腹部。用胸鳍和背鳍游泳，有的头向上游动，有的则头向下游动。生活在淡水、盐水和海水中，主要生活在珊瑚礁周围水域。

门：	脊索动物门
纲：	辐鳍鱼纲
目：	棘背鱼目
亚目：	海龙亚目
科：	5
种：	240

杨枝鱼

　　杨枝鱼以小型鱼类和甲壳类动物为食，通常先悄悄埋伏在猎物周围，再突然出击。经常和大型草食鱼类一起生活在珊瑚礁周围。有些海马游动的时候头向下。现在已知最长的海马有 80 厘米长。海马的身体扁平而细长，鱼皮外都覆盖着鱼鳞。颌骨有 1 根感知触须。背鳍有 23~28 个鳍条，互不相连。臀鳍有 25~28 个鳍条。腹鳍和臀鳍距离鱼身前部较远。尾鳍呈圆形。海马的侧线很明显。主要分布在热带大西洋、印度洋和太平洋海域。到目前为止，人们所知的只有 3 种。

有毒的烟管鱼和虾鱼

　　烟管鱼和虾鱼鱼身扁平，边缘锋利。脊椎膨胀，细小的鳞片几乎覆盖全身。背部有背鳍和 3 根不同大小的鳍条。第一根鳍条长而尖，有些鱼的第一根鳍条位于最外侧，旁边是两根比较短的鳍条。背鳍和尾鳍（都由软鳍条组成）长在尾梗的位置，有些烟管鱼和虾鱼的背鳍和尾鳍甚至长在腹部。烟管鱼和虾鱼还有另一些共同的特点：它们都没有侧线和牙齿。有些鱼竖着游动，头部向下。以浮游动物为食。现在已知最长的烟管鱼和虾鱼有 15 厘米，主要分布在印度洋和太平洋，已知种类有 15 种。

角烟管鱼

　　角烟管鱼身形细长，微扁。嘴巴很长，呈管状，没有牙齿。身上没有鳞片，但是有小鳍条和成排的骨盾。

　　角烟管鱼的背部和臀部没有刺。背鳍和臀鳍有 13~20 根软鳍条。尾鳍分叉，是中间鳍条的延伸。肛门靠近腹鳍，即远离臀鳍。侧线比较明显，是尾线的延长。角烟管鱼最长可以达到 1.8 米。主要生活在开阔海域或者珊瑚礁周围，以

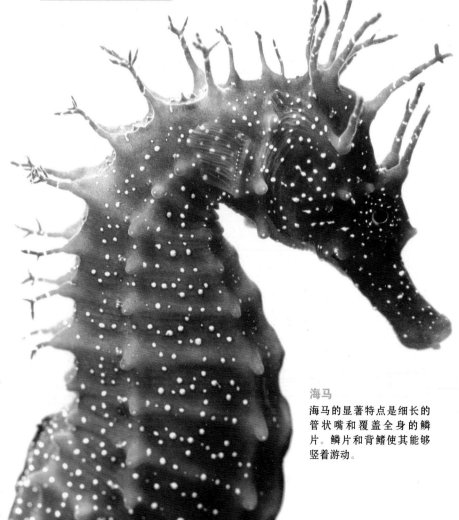

海马
海马的显著特点是细长的管状嘴和覆盖全身的鳞片。鳞片和背鳍使其能够竖着游动。

行动缓慢但安全
它们虽然行动缓慢，但是会变色，可以伪装起来，以躲避天敌。

小型鱼类和甲壳类动物为食。角烟管鱼包括 4 种热带、亚热带的海洋鱼类，生活在大西洋、印度洋和太平洋海域。

鬼管鱼

鬼管鱼的鱼身短且扁，鱼鳞呈星星状。有两个分开的背鳍。前半身有 5 根长鳍条，后半身有 17~22 根较短的软鳍条。腹鳍很大，在第一个背鳍前面，有一根棘刺和 6 根软鳍条。鳃开口较大。雌性鬼管鱼用腹鳍形成一个育儿袋，在那里孵化鱼卵。以小型深海无脊椎动物和浮游动物为食。鬼管鱼包括 3 种热带鱼类，主要分布在印度洋和太平洋西部。最长可达 16 厘米。

尖嘴鱼和海马

尖嘴鱼和海马都有包裹着细长鱼身的骨环。胸鳍通常有 10~23 根鳍条。

有 1 个背鳍，包括 15~60 根软鳍条。臀鳍很短，有 2~6 根鳍条。有些成年鱼甚至没有背鳍、臀鳍和胸鳍。所有尖嘴鱼都没有腹鳍，有些也没有尾鳍。海马的尾梗用来捕食。鳃开口较小。最长的尖嘴鱼和海马大约有 60 厘米长。有些尖嘴鱼和海马色彩斑斓。通常生活在深海。用管状嘴吸食小型无脊椎动物。雌性尖嘴鱼和海马将卵细胞放置于雄性尖嘴鱼和海马的育儿袋中。这是动物王国中特有的现象，只有尖嘴鱼和海马是雄性动物受孕。首先，雄性尖嘴鱼和海马在雌性尖嘴鱼和海马周围求偶。求偶成功后则通过交配进行交配。孵卵期间雌性尖嘴鱼和海马会一直待在雄性尖嘴鱼和海马的周围。小尖嘴鱼和小海马一出生就可独立，不需要父母的照顾。大部分尖嘴鱼和海马

生活在海洋中，但也有一些生活在盐水和淡水中。它们主要分布在大西洋、印度洋和太平洋海域（从温带海域到热带海域）。它们是这一科中数量最多的品种，已知的有 215 种。

繁殖

海马是雄性受孕。在求偶之后，雄性海马和雌性海马进行交配。当它们的腹部相对时，雌性海马通过产卵器官将卵细胞放在雄性海马的育儿袋中。卵细胞进入育儿袋之后，雄性海马就会产生精子，从而形成受精卵。受精卵可以孵化出 1500 个小海马。

1 求偶
雄性海马在发育育儿袋之后才达到性成熟。当雄性海马靠近雌性海马时，身体的颜色会变得很鲜艳，并开始抖动身体和背鳍。

2 交配
雄性海马通过尾梗固定在雌性海马身上。然后，雄性海马会打开育儿袋上端，雌性海马通过输卵管将卵细胞放到雄性海马的育儿袋中，然后进行孵化。

3 出生
放置受精卵的育儿袋内有很多血管。小海马大约在两周后出生。刚出生的小海马虽然很小，但外形和成年海马很相像。几天之后，小海马就可以吃浮游生物了。

管口鱼

| 门：脊索动物门 |
| 纲：辐鳍鱼纲 |
| 目：棘背鱼目 |
| 科：海龙科 |
| 种：215 |

海马（也叫龙落子）、鬼管鱼、海龙和叶海龙，属于海龙科生物，头部和马的头部很像。鱼身细长，管状嘴，没有牙齿。鱼身覆盖着鱼鳞和骨环。身体竖直。

Hippocampus bargibanti
巴氏豆丁海马

体长：2.4 厘米
体重：10~13 克
保护状况：无危
分布范围：太平洋中西部海域

巴氏豆丁海马是最小的海马之一。只在柳珊瑚周围生活，颜色和结构都模仿其生存环境。巴氏豆丁海马有两种颜色：带有红色斑点的灰色或者带有橙色斑点的黄色，可以根据珊瑚种类改变自身颜色。栖息深度为水下 16~40 米。有固定配偶且遵循一夫一妻制。1969 年，生物学家还发现了侏儒海马。在已知的海马中，大部分都是近十年发现的，这些海马体形都很小，都生活在柳珊瑚周围。

适应性
巴氏豆丁海马用尾巴捕食，尾巴呈螺旋状，能抓住水中的植物

Hippocampus guttulatus
长吻海马

体长：15 厘米
体重：24~29 克
保护状况：数据不足
分布范围：地中海和大西洋东部海域

长吻海马通体黄色，有时也会变为玫红色。是杂食动物，以幼鱼、藻类、腹足动物、甲壳类动物和环节动物为食。生活在海湾和岩石区较浅的有蔓草和水藻的浑水中，在秋天和冬天会游到更深的海域。

长吻海马照顾小海马，在繁殖时期身体紧贴海底。它们用尾巴粘住食物。

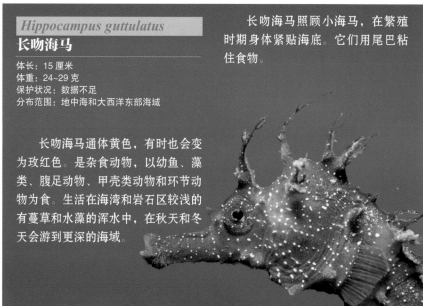

Hippocampus abdominalis
膨腹海马

体长：35 厘米
体重：100~200 克
保护状况：数据不足
分布范围：太平洋南部海域

膨腹海马皮肤光滑，颜色多变，从白色、黄色一直到红色皆有，伴有黑色斑点。以虾和海藻中的小型动物为食，如端足目动物。主要生活在有岩石的海域。社会生活方式多样：早晨，膨腹海马夫妇交配，跳舞，变色。

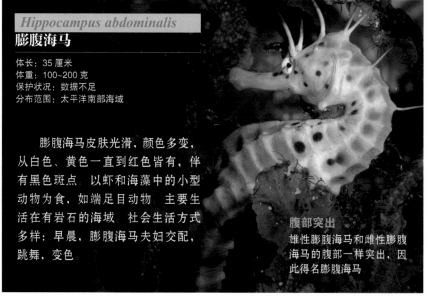

腹部突出
雄性膨腹海马和雌性膨腹海马的腹部一样突出，因此得名膨腹海马

Hippocampus kuda

库达海马

体长：30 厘米
体重：150 克
保护状况：易危
分布范围：太平洋西部、印度洋海域

库达海马的颜色在黄色、白色、蓝色、棕色和橙色之间变化。头部有骨环。栖居在珊瑚礁、红树林或大叶藻中。它们生活在靠近海岸的浅水区，直立着身子，生活在淤泥或者河流中。也有的生活在外海20千米的海藻中。用尾巴勾住海草或珊瑚。孵化期通常为4~5周。

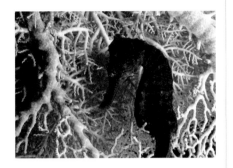

Hippocampus reidi

吻海马

体长：15.5 厘米
体重：70 克
保护状况：数据不足
分布范围：中美洲和加勒比海海域

雄性吻海马呈亮橙色，雌性吻海马呈黄色。身上有棕色或白色斑点。交配时会变成玫瑰红色或白色。主要栖居在水下55米的柳珊瑚、大叶藻、红树林和马尾藻中。雄性吻海马可以孵化1000多颗卵。产卵时，雄性吻海马通过收缩身体来产生压力，从而生出小海马。

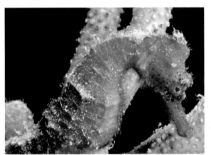

Syngnathoides biaculeatus

拟海龙

体长：29 厘米
体重：150~200 克
保护状况：数据不足
分布范围：太平洋中东部海域

拟海龙身体竖直、窄小，呈绿色，尾巴稍微向下卷。嘴巴为管状，骨骼和颜色像迷你版鳄鱼。它们栖居在海藻（大叶藻）中，竖着身体并隐藏在其中。用管状嘴吸食微小的食物和浮游动物，没有牙齿。是卵胎生动物，为了孵化受精卵，雄性拟海龙把受精卵放在尾巴后面竖立的育儿袋中。

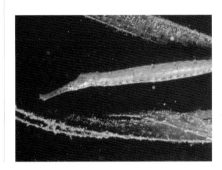

Phycodurus eques

叶形海龙

体长：45 厘米
体重：400~500 克
保护状况：未评估
分布范围：澳大利亚南部海域

叶形海龙比海马大，身上长满了像叶子一样的东西，用来在海藻中隐蔽自己。它们之所以被叫作海龙，是因为跟龙这种神秘的生物很像。嘴巴呈管状，脖子很长，腹部突出，尾巴很长。栖居在较浅的温带海域。通过脖子边的胸鳍和尾巴附近的背鳍获得前进的动力。叶形海龙几乎是透明的，不喜欢活动，隐藏在海藻中。

Phyllopteryx taeniolatus

草海龙

体长：45 厘米
体重：500~550 克
保护状况：近危
分布范围：澳大利亚南部和塔斯马尼亚岛附近海域

草海龙的鼻子又长又直，脖子很长，腹部很宽。和身子相比，尾巴又长又重。它们不用尾巴捕食。尾巴看起来很突兀，与周围环境格格不入。胸部有几条深色的竖条纹，其颜色可以从黄绿色变成橙红色或棕色。栖居在有微型海藻的礁石周围，栖息深度为水下3~50米。捕食浮游动物和小型甲壳类动物。通常独来独往，有时成对聚集，或者20~40条聚集在一起。小草海龙（大约250只）一出生就可以独立生活。出生后就可以立即进食，几乎不消耗它们的卵黄囊。

繁殖
交配时，雌性草海龙趴在雄性草海龙的身上，在其尾巴下方留下300~400颗卵细胞

Hippocampus erectus

直立海马

体长: 15~19 厘米
体重: 无数据
保护状况: 易危
分布范围: 从加拿大到阿根廷沿岸的大西洋东部、西部海域

名字的由来
直立海马的名字源于其直立的身体和头部的形状。

直立海马属于硬骨鱼，栖居在10~27 摄氏度的河流、海湾、海藻和珊瑚周围。身形细长。其颜色主要是橙色、灰色、棕色、黑色、红色和黄色，腹部的颜色稍微浅一些。

饮食

直立海马的嘴巴呈管状，主要吃小型无脊椎动物，例如甲壳类动物，这都得益于它们细长的嘴巴。幼鱼每天用来进食的时间可以达到10 小时。

行为

直立海马实行一夫一妻制，如果配偶死亡，另一方不会立刻寻找新的配偶。每天早上，直立海马夫妇都会一起跳舞。

求偶仪式
雌性直立海马求偶的时候会跳舞，在跳舞时会和雄性直立海马交配。

姿态

直立海马的身体是由覆盖着较大矩形鳞片的骨骼组成的，这使得它们游动的方式和其他鱼不同。直立游泳的动力来自背鳍和胸鳍，这使得它们不论是行动还是改变姿势都很缓慢。没有臀鳍，取而代之的是长长的尾巴。它们用尾巴捕食，可以紧紧抓住水下的食物。

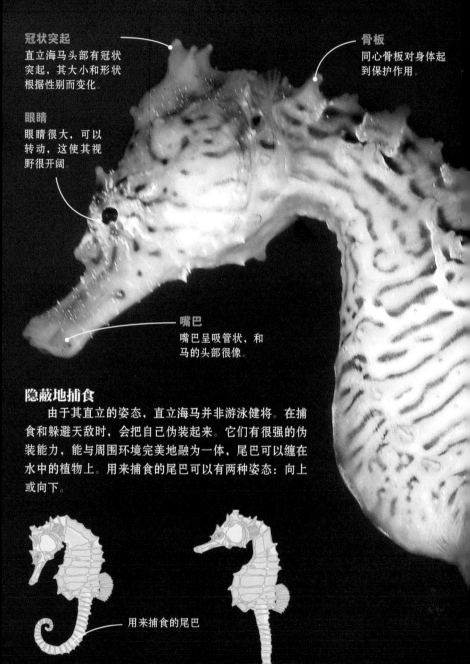

1 厘米
直立海马出生时的身长

冠状突起
直立海马头部有冠状突起，其大小和形状根据性别而变化。

眼睛
眼睛很大，可以转动，这使其视野很开阔。

骨板
同心骨板对身体起到保护作用。

嘴巴
嘴巴呈吸管状，和马的头部很像。

隐蔽地捕食

由于其直立的姿态，直立海马并非游泳健将。在捕食和躲避天敌时，会把自己伪装起来。它们有很强的伪装能力，能与周围环境完美地融为一体，尾巴可以缠在水中的植物上。用来捕食的尾巴可以有两种姿态: 向上或向下。

用来捕食的尾巴

尾巴向上
尾巴卷起，形成向上的卷。

尾巴向下
尾巴拉长，竖直向下。

性别二态性

　　交配时，雄性海马和雌性海马之间最大的不同之处在于育儿袋，只有雄性海马有育儿袋，雌性则没有。雄性海马的尾巴更长，嘴巴更小。雌雄海马头部冠状突起的大小和形状不同，背鳍的位置也不同。

雄性　　　　雌性

繁殖

　　雌性海马把卵细胞留在雄性海马的育儿袋中。在孕育期，海马会变为白色和棕色。孕育会持续大约 20 天。有些受精卵没有孵化，死在精囊内，产生气体。因此雄性海马在生产之前膨胀得像个球一样。

100~200
这个数字是雄性海马所能孵化出的小海马的数量。

1 体内受孕
在繁殖期，雌性海马将卵细胞留在雄性海马的精囊里，在那里受孕。分娩时，雄性海马缠在海藻上。

2 分娩
雄性海马将身体前后膨胀一倍，膨胀之前的状态就像是收缩了一样。育儿袋打开并变大。不一会儿，小海马就出生了。

3 出生
收缩时，雄性海马会生出很多1厘米大的小海马。它们一出生就以浮游植物为食。分娩可以持续一天。

背鳍
海马直立游动，主要靠背鳍提供动力。

育儿袋
只有雄性海马有育儿袋，可以打开或关闭，和袋鼠的育儿袋相似。

尾巴
尾巴由臀鳍演变而来，很灵活，可以用来捕食。

剃刀鱼及其他

门： 脊索动物门	
纲： 辐鳍鱼纲	
目： 棘背鱼目	
科： 4	
种： 25	

剃刀鱼（剃刀鱼科）的外形和海马很像，只是没有突出的腹部。条纹虾鱼（虾鱼科）身体扁平，直立游动。角烟管鱼（烟管鱼科）身体细长。斑点管口鱼（管口鱼科）的名字缘于它宽口的嘴巴和细长的头部。

Solenostomus paradoxus
细吻剃刀鱼

体长：12 厘米
体重：30~45 克
保护状况：未评估
分布范围：印度洋、太平洋西部

细吻剃刀鱼生活在热带海域的珊瑚礁周围。身体的形状很特殊，使其能完美地与珊瑚礁融为一体，不被天敌发现。雄性鱼比雌性鱼体形小。身上有长刺，尾部呈残缺、圆叶子状，刺非常多。身体颜色随环境而改变，可以从黑色变为黄色或红色，伴有绿色或者透明的条纹和斑点。通常独来独往，但在繁殖期会成对出现。以深海对虾为食。

繁殖
雌性细吻剃刀鱼用腹鳍孵化鱼卵。

行动
细吻剃刀鱼以头部向下的方式缓慢游动。

栖息地
它们在岩石区会改变颜色和形状。

Solenostomus cyanopterus
蓝鳍剃刀鱼

体长：15~17 厘米
体重：43~55 克
保护状况：未评估
分布范围：印度洋和太平洋西部海域

蓝鳍剃刀鱼栖居在有珊瑚礁和藻类的海域，栖息深度为水下 2~25 米。鼻子很长，尾巴又宽又长。鱼身呈红棕色、玫瑰红色或者黄色，伴有黑白相间的小斑点。也可以变成绿色，隐藏在大叶藻之中。

主要以小型甲壳类动物为食。不同于细吻剃刀鱼，蓝鳍剃刀鱼很灵活，会不断地游到新海域捕食。

主要栖息在海洋中上层，但在繁殖期时，主要依赖珊瑚礁生活。蓝鳍剃刀鱼为一夫一妻制，总是成双成对地出现。

Centriscus scutatus
玻甲鱼

体长：15 厘米
体重：100~110 克
保护状况：未评估
分布范围：印度洋和太平洋西部海域

玻甲鱼的鼻子向上翘，鱼身呈银白色，中间的侧线很窄，呈棕色或黑色。栖居在海洋、泥沙、近海浅水中。通常聚集为大而密集的鱼群。

Aeoliscus strigatus

条纹虾鱼

体长：15 厘米
体重：100~110 克
保护状况：未评估
分布范围：印度洋和太平洋西部海域

　　条纹虾鱼主要生活在沿岸海域的海藻丛或珊瑚礁中。鱼身呈金黄色，颜色可随环境而变化。侧面有深色条纹。无性别二态性。透明的骨鳞聚集在腹部形成尖尖的刺。

　　主要以小型甲壳类动物为食，例如对虾，也吃浮游动物。因为海胆中有大量微型无脊椎动物，所以它们藏身在此捕食猎物。成群游动，节奏一致。

形态
条纹虾鱼的背部表面覆盖着起保护作用的骨鳞。

拟态
条纹虾鱼的深色条纹是适应能力的体现，这样它们可以隐藏在海胆的刺中。

Fistularia tabacaria

蓝斑烟管鱼

体长：2 米
体重：1.5~2 千克
保护状况：未评估
分布范围：大西洋的美洲和非洲海岸海域

　　蓝斑烟管鱼的鱼身细长，尾巴纤细如丝。外形和鳗鱼很像，但鱼鳍不同。无性别二态性。鱼身呈棕色，腹部呈白色，从嘴巴到背鳍的半个背部都伴有蓝色斑点。主要生活在有大叶藻的沿海开阔海域，或生活在珊瑚礁中，或生活在水下 200 米的岩石海底，也可以生活在河流中。以鱼类、小型甲壳类动物和各种无脊椎动物为食。

Aulostomus chinensis

中国管口鱼

体长：80 厘米
体重：0.8~1 千克
保护状况：未评估
分布范围：印度洋和太平洋西部海域

　　中国管口鱼的鱼身细长，嘴巴呈管状。可以随意在棕色到绿色之间变色。身上有分散的深色斑点和白色条纹。

　　栖居在珊瑚礁区。可以通过改变身体的颜色、形状以及缓慢的移动而完美地隐藏在海藻和珊瑚中。以小型鱼类、对虾和无脊椎动物为食。

Aulostomus maculatus

斑点管口鱼

体长：40~80 厘米
体重：0.7~1 千克
保护状况：未评估
分布范围：美洲和非洲沿岸的大西洋海域

　　斑点管口鱼形状似小号，长而宽的嘴巴尤其像。鼻子很长，颚部细小。色彩丰富，呈深棕色或绿色，有些海域还发现了通体黄色的斑点管口鱼。沿颚部有一条黑色条纹，且逐渐减少为黑点；在尾鳍基部也有一个或两个黑点。主要栖居在水下 30 米深的珊瑚礁周围。虽然有时会有波浪，但平静的环状珊瑚岛和湖泊中依然生活着大量斑点管口鱼。它们在觅食时游得很慢，埋伏时可以保持静止。依靠嘴巴的突然出击来获得食物，只吃小型鱼类。

食物
捕食时，它们会藏在比它们大的草食性鱼类身后，遇到猎物时突然出击

头部
头部大约占身体总长的1/3

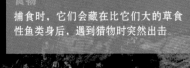

致命的美丽

海马的用途很多，例如在海洋馆展览、作为中药等，这使得海马的生存状况令人担忧。2002 年，根据世界自然保护联盟（英文缩写为 IUCN）的濒危物种红色清单，在 33 种海马中，有个别濒危，9 种易危，其余未知。除人类对珊瑚礁、河流、滩涂地和海藻的污染和破坏，捕鱼网的使用也对其造成了威胁，这些现状令人担忧。

◀ 医学开发

600 年前，海马就被制作成标本，在中医中用来治疗不同的病症，例如动脉硬化、阳痿、气喘、心脏病、胆固醇偏高和皮肤病等。虽然海马的价值很高，但更重要的是要找到避免海马灭绝的方法。

▲ 水产养殖

水产养殖不仅可以保护海马种群，也可以满足人们对海马商业价值的需求，是一个两全之法。尽管水产养殖海马规模不大，但在饲养幼鱼时也会面临一系列挑战。

▼ 专门研究海马的专家

几年前，一群海洋生物学家在爱尔兰了解到海马的濒危现状，于是成立了一个项目组，这大大提高了小海马的成活率。

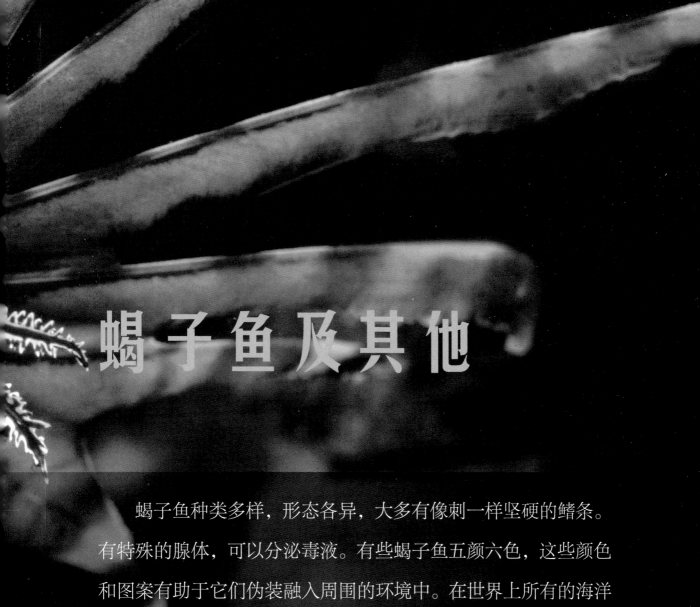

蝎子鱼及其他

蝎子鱼种类多样，形态各异，大多有像刺一样坚硬的鳍条。有特殊的腺体，可以分泌毒液。有些蝎子鱼五颜六色，这些颜色和图案有助于它们伪装融入周围的环境中。在世界上所有的海洋中都有分布，只是深度略有不同。

一般特征

蝎子鱼的名字缘于其形状、坚硬如刺的鳍条和能分泌毒液的腺体。这个目的生物种类多样，人们经常会对它们进行重新分类。有时人们会怀疑这类生物的单系性，甚至对于同科生物的分类都有很大争议。它们广泛分布于各个纬度，从温带沿岸水域到水下几千米的深度都有分布。

门：	脊索动物门
纲：	辐鳍鱼纲
目：	鲉形目
亚目：	7
科：	36

基本特点

蝎子鱼和河鲈的分类方式相似。鲉形目最主要的分类特点是眼睛下方（眶下）骨突后延与鳃盖连在一起，在颊部形成骨甲。有些科的鱼类骨突在鼻骨处与鳃盖骨相连。头盖骨伸长至前三节椎骨，形成坚硬的头盔。所有科中都有一些鱼的刺或骨鳞变得很坚硬。大部分骨鳞分布在头盖骨上，少部分分布在鱼身上。有些鱼有旋轮线状的鱼鳞，有些鱼则完全没有鳞片。栖息于深海的蝎子鱼没有鱼鳔。有鱼鳔的蝎子鱼是闭鳔鱼（不依赖消化器官），鱼鳔有助于产生声波，所以有些蝎子鱼可以像飞角鱼科和角鱼科的鱼类那样发出声波。根据不同的外形特点，蝎子鱼可以分为两类：一类具有强烈的毒性和鲜艳的警戒色；另一类则拥有随周围环境变化而变化的保护色。

除此之外，蝎子鱼的身上还有鳍条、鳞片等附属物，这些附属物可以使其更好地伪装自己。正是由于这种特性，当猎物游到附近时，一些蝎子鱼先是保持不动，然后突然出击。为此，蝎子鱼也被称为"深海杀手"，它们尤其擅长捕食甲壳类动物和小型鱼类。

鱼鳍

鳍条坚硬，有时硬得像刺一样。基部通常有分泌毒液的腺体。一般情况下，胸鳍是无毒的，只有背鳍的前几个鳍条有毒，但有些蝎子鱼的臀鳍和腹鳍也是有毒的。如果人们被蝎子鱼扎伤，手指会麻痹，需要很长时间才能恢复。胸鳍又圆又长，有时可以和身体一样长。鱼鳍由坚硬的鳍条组成，飞鱼（飞鱼科）的鱼鳍像翅膀一样，可以让它们飞出水面 100 米。

有毒
蝎子鱼的名字缘于和鳍条在一起的、产生毒液的腺体。

有些鳍条连在一起，起到脚蹼的作用。末梢神经感知系统让它们能够找到泥沙中的食物。腹鳍可以很大，也可以很小，或者干脆没有。胎生贝湖鱼科的鱼类没有腹鳍，腰带骨可见。有时，鱼鳍可以变形，也可以变得有毒，圆鳍鱼科的鱼类就是这样。雄性圆鳍鱼紧紧地依附在岩石或海藻上，以防被海浪卷走。有两个连在一起的背鳍。狮子鱼科最明显的特征是长长的鱼鳍。臀鳍和背鳍都很长，长到尾鳍处。它们也可以产生动力，于是就渐渐取代了尾鳍，尾鳍则逐渐萎缩成一块突起物。

繁殖

大多数蝎子鱼都是先排出卵子，再进行体外受精的。鱼卵可以安置在泥沙中或者依附于岩石和海藻的黏性物质上。有些生活在深海的鱼类，例如白斑光裸头鱼和裸盖鱼（裸盖鱼科），让鱼卵在海中漂浮。鱼卵之所以能漂浮在水中，是因为卵中含有少量的油。幼鱼生活在深海，到达一定年龄后会迁徙到更深的海域生活。胎生贝湖鱼科的鱼在产卵之前会让幼鱼在身体里先度过幼鱼期。

栖息环境和分布现状

蝎子鱼栖息于海中，多数分布在印度洋和太平洋。有些鱼群生活在海水中，还有小部分鱼群生活在大陆淡水中，例如贝加尔湖鱼科就栖息在俄罗斯的贝加尔湖中。

虽然不擅长游泳，但也有些蝎子鱼生活在深海。主要活动在岩石、海草和珊瑚礁周围。

生活习性和外形

人们所了解的蝎子鱼有很多不同的生活习性和外形。有的蝎子鱼头部很大，边缘尖锐，背部很高，胸鳍很大；有的蝎子鱼体形较小，侧面扁平，没有鳞片；有的蝎子鱼又长又扁，身上有细小的鳞片；有的蝎子鱼全身覆盖着骨鳞和鳍条；有的蝎子鱼和鲱鱼或蝌蚪很像；还有的蝎子鱼全身覆盖着苔藓，像石头一样。它们主要生活在珊瑚礁周围的海域、海床或者淡水水流中。

2 纺锤形鱼
眼睛长在前面，嘴巴在正前方。成对的鱼鳍可以在游动时保持鱼身的平衡。可以在海平面到深海之间的整个海域生活。可以进行长距离的迁徙。

3 扁形鱼
背部和腹部扁平，头部扁平，眼睛长在上方。体色随深度的不同而有所变化。成对的圆鱼鳍可以让它们在海底游动自如。

1 球形鱼
球形鱼身上没有鱼鳞或是全部覆盖着鱼鳞，身上有刺；背鳍很小或者没有背鳍；几乎不游动，但可以旋转180度；脸小嘴大；眼睛长在头部和背部之间。生活在海底岩石周围。

乔装和下毒专家

鲉形目的鱼类生活在海底。有些身上覆盖着泥沙，乔装成岩石，隐藏起来突袭猎物，成功率很高。有些鱼还可以随环境变色。鱼鳍和其他鱼很像，很多鱼的背鳍有含毒的鳍条。

颜色和条纹

短鳍蓑鲉属的鱼类长有条纹，可以与植物和海底融为一体。鱼鳍很长，和海百合纲动物一样，可以完美乔装。另外，幼鱼的鱼鳍上有斑点，看起来像大鱼的眼睛一样，可以避免被天敌吃掉。背鳍和臀鳍有毒。

陷阱

鱼鳍的鳍条之间有一层薄膜。由于这层膜是透明的，猎物在试图逃跑时，常常会直接撞到膜上，落入陷阱。

5月
每年被它们的毒液所伤的鱼的数量

防卫和攻击

当它们觉得受到威胁时，就会展开胸鳍，露出可怕的一面，暗示出自己有毒，让对手远离自己。这样展开胸鳍，也可以把猎物围困在珊瑚内。

植物之间

三棘带鲉利用它们和植物之间的相似性捕食。珊瑚和植物之间靠水流保持平衡，三棘带鲉和植物之间也是如此。三棘带鲉色彩鲜艳，栖身于藻类繁盛的地方，有利于它们隐藏自己。

嘴巴

它们的嘴巴很大，这使它们可以像吸尘器一样吸食大量鱼类。

隐蔽性
由于鱼身颜色和海底很相近，普氏鲉的隐蔽性很好，几乎可以不被发现。

示威
遇到危险时，它们会展开背鳍的鳍条，改变颜色，以警示对方自己有毒。

毒性
13根有毒的背鳍鳍条几乎遍布全身。

胸鳍
胸鳍呈扇形，用来游泳和捕食。鱼鳍也可以收起来，以躲避天敌和捕食猎物。

3 小时
玫瑰毒鲉的毒液致人死亡的时间。

隐蔽性
毒鲉科的玫瑰毒鲉拥有完美的乔装术，人类和鱼类都很难发现它们。它们藏在泥沙中，只露出眼睛，一旦发现猎物会在一秒内迅速张开血盆大口捕食。有些水生植物依附在它们的背上生活，因为那里有适合植物生长的物质。

13 根背鳍鳍条。

鱼身的两侧都有突出的肉瘤。

臀鳍能够注射毒液。

毒性
背鳍鳍条与可产生10毫克毒液的腺体相连。如果被有毒的鳍条扎到，会导致强烈的疼痛、呼吸困难、心律不齐、麻痹、组织坏死和死亡。中毒的深浅取决于自身的体重（体重越轻，反应越强烈）。

有神经毒素。

每个鳍条都连接着产生毒液的腺体。

危险
它们平时很安静，但遇到危险时会使用致命的鱼鳍。游泳的人和潜水员不仔细看就很难发现它们，因为它们和岩石实在太像了，难以分辨。

鲉鱼

门：脊索动物门	
纲：辐鳍鱼纲	
目：鲉形目	
科：鲉科	
种：388	

鲉鱼外形粗陋，有刺，有突起和肉瘤，头部有由皮骨溶解而来的鳞片和骨鳞的保护。这些种类的鱼绝大多数是海鱼，栖居在温带、热带沿海海域，主要在海底珊瑚礁和岩石周围活动。此类鱼为胎生。

Scorpaena plumieri
普氏鲉

体长：30~45 厘米
体重：1.5 千克
保护状况：未评估
分布范围：从美国到巴西沿岸的大西洋海域

身体的形状和特殊保护色使普氏鲉能够隐藏在海底。身上褶皱多，并长有肉瘤。身体的颜色和岩石、珊瑚礁的颜色相似，有利于其隐藏。鱼鳍的鳍条有毒，可以毒死很多生物。它们生活的垂直深度会经常变化，但是不会深于水下 55~60 米。

以甲壳类动物和小型鱼类为食，主要在夜间捕食。白天休息，几乎静止不动。被惊扰时，身上会出现闪亮的白色斑点，在胸部黑色部分的衬托下，看上去比较恐怖。

繁殖
不产卵不孵化，雌性普氏鲉排出幼鱼。

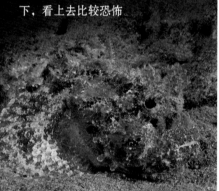

Ebosia bleekeri
布氏盔蓑鲉

体长：22 厘米
体重：无数据
保护状况：未评估
分布范围：太平洋北部、鄂霍次克海、日本、中国东部和南部

布氏盔蓑鲉的鱼身呈椭圆形，较矮胖。主要栖居在热带和温带海域，栖息深度在水下 110~152 米之间。鱼鳍像长刺一样，每根都彼此分开。鱼身的颜色为白色和玫红色，胸鳍中部和末端伴有深色斑点，胸鳍有 12~14 根鳍条。和同科的其他鱼类一样，布氏盔蓑鲉也是体内受精。

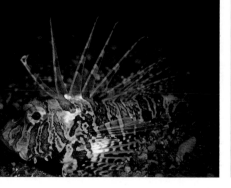

Scorpaena guttata
斑点鲉

体长：43 厘米
体重：无数据
保护状况：数据不足
分布范围：太平洋海域，从美国南部到墨西哥

斑点鲉主要栖居在海岸边和海湾内有岩石的地方，可以灵活地隐藏在各种洞穴中。背鳍、臀鳍、腹鳍上有毒的鳍条是它们的武器。眼睛突出，和鱼身相比，鱼鳍显得很大。前半身的鱼鳍有鳍条，胸鳍有 17~19 根鳍条，呈扇形。斑点鲉可以发出红棕色的光，伴有深色斑点。生活的垂直深度范围很广，从海洋表面到水下 180 米都有分布。主要以甲壳类动物和鱼类为食。

Taenianotus triacanthus
三棘带鲉

体长：10 厘米
体重：无数据
保护状况：未评估
分布范围：太平洋、印度洋海域

伪装
为了混淆猎物和天敌的判断，它们隐藏在水中的植物之间。

变色
除了红色和黄色，它们还可以变成黑色和白色。

三棘带鲉一眼望去很难分辨鱼身的各个部分。鱼身呈扁平的椭圆形，和叶子差不多。鱼鳍很大，背鳍很突出，有含毒的鳍条。鱼身颜色为最醒目的黄色或红色。可以在不同深度变化为不同的颜色，可以发光。主要以水下5~20 米深处活动的小型鱼类、幼鱼、虾和无脊椎动物为食。眼睛的视网膜内有视杆细胞，可以捕捉到视锥细胞损坏时或者变色细胞发出的微弱光芒。在夜间，皮肤变为常见的形态。

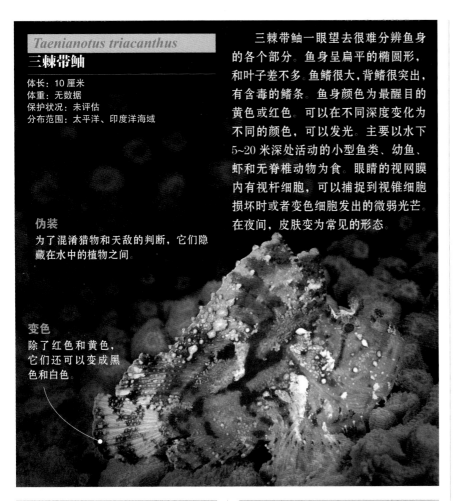

Sebastes oculatus
眼点平鲉

体长：31 厘米
体重：无数据
保护状况：未评估
分布范围：大西洋和太平洋南部海域

眼点平鲉生活在温带和寒带海域，主要生活在非热带珊瑚周围。夜行性动物，白天隐藏在泥沙或者石头中。以小型鱼类和甲壳类动物为食。鱼身呈浅玫红色，伴有白色斑点。头部很大，呈圆锥形，有鱼鳞，眼睛很大。背鳍前部有13 根尖锐的鳍条，后部有 3~14 根软鳍条。肉质鲜美，具有食用价值。

Apistus carinatus
棱须蓑鲉

体长：20 厘米
体重：无数据
保护状况：未评估
分布范围：太平洋北部和印度洋海域

棱须蓑鲉栖息深度为水下 14~50 米。白天隐藏在海床中，只露出眼睛和背部。身体两侧各有一个胸鳍，像翅膀一样。胸鳍呈绿色，有一条线，包括14~16 根鳍条，从头部后方一直延伸到尾鳍。雄性棱须蓑鲉在嘴中孵化鱼卵。以无脊椎动物和浮游植物为食。

Helicolenus dactylopterus
黑腹无鳔鲉

体长：47 厘米
体重：1.55 千克
保护状况：未评估
分布范围：北半球、地中海和大西洋海域

黑腹无鳔鲉全身覆盖着鱼鳞。头部、嘴巴、眼睛都很大。背鳍突出，有12~13 根硬鳍条和 12 根软鳍条，均匀地分布在背部。胸鳍（16 根鳍条）和尾鳍很大，臀鳍较小。

鱼身的主要颜色是玫红色，伴有橙色、白色和灰色。

栖息深度为水下 50~1100 米，很少有鱼类生活在水下 1100 米深的地方。以小型鱼类、甲壳类动物、头足动物和棘皮动物（海星、海胆、海百合、真蛇尾属）为食。背鳍的鳍条有毒，释放的毒液可以令猎物产生强烈的痛感。体内受精。

Pterois volitans
翱翔蓑鲉

体长：38 厘米
体重：无数据
保护状况：未评估
分布范围：太平洋北部、印度洋、红海海域

翱翔蓑鲉生活在海岸边水下 50 米深的珊瑚礁周围。鱼鳍较大，鱼身和鱼鳍都呈棕色，伴有白色竖条纹。根据海水的深度改变颜色。头部较低，嘴巴较大。鳍条有毒，吸食小型鱼类和无脊椎动物。

加勒比海的美丽侵略者

翱翔蓑鲉原产于印度洋和太平洋，后被引进到一个全新的生存环境中——地球另一端的加勒比海，那里没有天敌，更有利于它们的生存。翱翔蓑鲉的快速繁殖破坏了珊瑚礁、海岸大陆和大西洋西部海域的整体生态系统，使很多生物的生存环境受到威胁。

1992 年，美国历史上第三强的飓风席卷了佛罗里达南部地区，摧毁了比斯开湾。正是由于栖息地的破坏和洪水的侵扰，6 种蓑鲉迁徙到了其他海域。这是历史上从未有过的事件，这些动物的逃跑造成了近些年海洋生态系统最大的灾难。

翱翔蓑鲉是海洋馆中最美丽、最奇特的鱼类之一。它们的美丽给自己带来了许多绰号：烈火鱼、斑马鱼、火鸡鱼、蝴蝶鳕……毫无疑问，人们对它们的喜爱丝毫不逊色于动物之王。成年鱼几乎有半米长。它们身上的竖条纹颜色很丰富，有红色、咖啡色、白色。这个目的鱼类都有长长的鱼鳍，像羽毛一样，可以释放毒液。除了吸引人的外形，它们还有极强的适应能力，且能很快适应海洋馆里的生活。事实上，翱翔蓑鲉已跻身美国十大最具商业价值的海鱼之列。它们的故乡并不是美国，而是印度洋和太平洋的热带海域，它们的外来物种身份和异国情调使它们颇受欢迎。

随着时间的流逝，这些由于飓风而到来的新生物适应了这个资源充足、没有天敌的新环境。2000 年初，它们到达纽约附近。2004 年，它们到达了巴哈马群岛。2007 年它们第一次出现在古巴和安第斯山脉。2008 年，它们到达哥伦比亚。一年之后，它们到达委内瑞拉和墨西哥。据估计，现在它们已经到达巴西，整个加勒比海都有它们的身影。直到今天，它们繁殖的后代数量也不明确，人们很可能低估了这一数量。短短二十几年间，翱翔蓑鲉就被称为最凶猛的侵略者之一。

当一个物种因外力到达一片未知的海域时，那里通常没有它们的天敌。在这种情况下，物种便开始快速繁殖。繁殖数量的快速增长导致了新老物种间不可避免的竞争和生存环境的改变。生物多样性开始减少，很多物种很有可能灭亡。翱翔蓑鲉就被称为"侵略者"。翱翔蓑鲉的食量很大，能吃掉很多幼鱼，使很多鱼类数量减少。它们不断捕食也大大减少了珊瑚礁的面积，巴哈马群岛

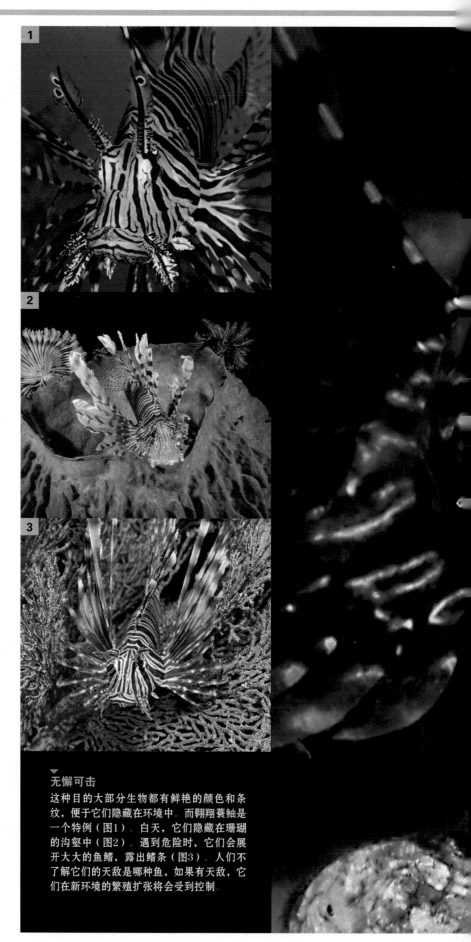

无懈可击

这种目的大部分生物都有鲜艳的颜色和条纹，便于它们隐藏在环境中。而翱翔蓑鲉是一个特例（图1）。白天，它们隐藏在珊瑚的沟壑中（图2）。遇到危险时，它们会展开大大的鱼鳍，露出鳍条（图3）。人们不了解它们的天敌是哪种鱼，如果有天敌，它们在新环境的繁殖扩张将会受到控制。

▶食量巨大

据估计，它们可以连续12周不进食。它们在新的海域已经获取了足够的食物，其每半小时可以吃掉30条鱼。

▶致命的美丽

有些鱼鳍连着分泌毒液的腺体。毒液对于一些物种来说是致命的。一旦受伤,伤口的痛感会比蜜蜂蜇人所产生的痛感还强烈。

的情况就是这样。翱翔蓑鲉会在新的环境中展开和本土食肉鱼类的竞争，例如石斑鱼。翱翔蓑鲉对鱼类活动产生了非常大的影响，即使在某些区域这种影响没那么大，它们也危害着其他鱼类的健康。翱翔蓑鲉的鳍条能释放毒液，即使不致命，也会导致剧烈的疼痛。如果人被刺伤的话，需要住院治疗。因此，旅游业也受到了不小的冲击。但并不是所有的灾难都要归咎于飓风，很可能是人类的疏忽导致了今日的状况。随着海洋馆运营技术的不断完善，从 20 世纪 80 年代起，人们对观赏性鱼类的需求显著增加。人们对待不再需要的宠物一直是这样，如果宠物长大了，不能再养了，就会把它们放回附近的野外环境，而这在人们看来，是一个善举。因此，人们认为，有些鱼类可以再放回海洋。如此一来，就可以解释一些鱼类地出现了，例如人们在大西洋捕获翱翔蓑鲉的最早记录是在 1985 年 10 月。还有另一种解释，尽管不那么可信，但也存在有些鱼类跟着货船一起，游到了新的海域。

有办法阻止外来鱼类的侵略吗？人们几乎无能为力，虽然有些国家下令捕捞外来鱼以保护生物多样性和旅游业。而最明智的措施是对外来鱼进行科学研究，控制对其的买卖，支持它们的繁衍。

翱翔蓑鲉的名字源于它们美丽的外表，当然，这样的外表也导致它们的快速繁殖。但如果没有人类的干预，也不会有这样的结果。这样的问题原本并不鲜见。在几个世纪的漫长岁月中，海洋生态系统不断受到侵略，也无数次形成了新的海洋系统。然而，人类却以一种前所未有的方式改变了这个进程。随着时间的流逝，这种影响的程度迫使我们思考这样一个问题：究竟谁才是真正的侵略者？

知更鸟鱼和杜父鱼

门：脊索动物门
纲：辐鳍鱼纲
目：鲉形目
科：角鱼科
种：114

它们是生活在温带和热带海洋的鱼类，体形小到中等。胸鳍有 2~3 根鳍条，用来捕食和附着在海底。有两个背鳍，通过鱼鳔的振动发出咕噜咕噜或者呱呱的声音。主要生活在海底。

Prionotus carolinus
卡罗来纳锯鲂鮄

体长：30~43 厘米
体重：85 克
保护状况：未评估
分布范围：北美洲北部的大西洋海域

卡罗来纳锯鲂鮄头部很宽，有毒，胸鳍展开像翅膀一样，鳍条用来捕食。眼睛是蓝色的，背部呈红色或浅灰色，腹部颜色较浅。生活在河流或海湾底层的泥沙中。生存温度在 0~27 摄氏度之间。深秋迁徙到北面海域，不成群迁徙。

卡罗来纳锯鲂鮄以虾、蟹、端足目动物、鱿鱼、双壳软体动物、蠕虫和小型鱼类为食。同时，它们也是杜氏扁鲨的食物。2~3 岁时，如果体长达到 20 厘米，就可以在 7~9 月到海岸边繁殖。繁殖期间会发出强烈的短促而重复的声音。鱼卵小得只有在显微镜下才能看清。鱼卵被放置在海岸边受精。60 个小时后孵化，成年鱼不照看孵化过程。

突起
大多数雄性卡罗来纳锯鲂鮄头部有突起。

Prionotus scitulus
豹锯鲂鮄

体长：20~25 厘米
体重：无数据
保护状况：未评估
分布范围：大西洋西部海域

豹锯鲂鮄生活在亚热带海域水下 45 米深的海底泥沙中，尤其在海湾、河流和海滨湖中最为常见。身形细长，背部呈棕色或橄榄棕色，伴有深色斑点；腹部呈浅色；喉部没有鳞片；胸鳍呈扇形，但不像卡罗来纳锯鲂鮄那么发达。幼鱼以浮游生物为食，长大后可以捕食生活在泥沙中的生物，例如文昌鱼、多毛类蠕虫、海蜘蛛、寄居蟹、甲壳类动物和软体动物等。同时，它们也是一些鱼类和滨鸟的食物。

Eutrigla gurnardus
真鲂鮄

体长：24~45 厘米
体重：无数据
保护状况：未评估
分布范围：大西洋北部、地中海、巴伦支海海域

挪威真鲂鮄栖居在海底的泥沙、岩石中，栖息深度为 0~140 米。鱼身细长，由于后半部分很窄，整体呈圆锥形。头部很大，嘴巴很尖。背部呈橄榄棕色，两侧为红色，腹部颜色较浅。背鳍有深色斑点。胸鳍前半部分的鳍条用来捕食。

Scorpaenichthys marmoratus
云斑鲉杜父鱼

体长：49~99 厘米
体重：1.5~14 千克
保护状况：未评估
分布范围：北美洲沿岸的太平洋海域

显著特点
脸部和眼睛后面有肉瘤。

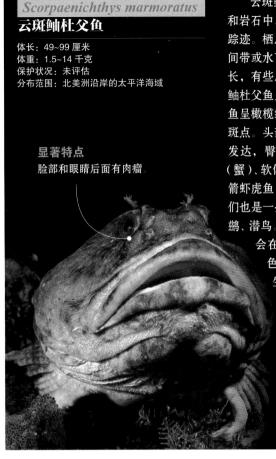

云斑鲉杜父鱼栖居在海底的泥沙和岩石中，偶尔能在海藻丛中发现其踪迹。栖息于寒带至亚热带海域的潮间带或水下 200 米深的地方。鱼身细长，有些扁平，没有鳞片。雄性云斑鲉杜父鱼呈红棕色，雌性云斑鲉杜父鱼呈橄榄绿色，均伴有浅色或深色的斑点。头部很大，嘴巴很宽。胸鳍很发达，臀鳍不完整。以甲壳类动物（蟹）、软体动物（章鱼、鲍鱼、石鳖）、箭虾虎鱼、美洲鳗为食。反过来，它们也是一些鸟类的食物，如草鹭、鸬鹚、潜鸟。同时，也是条纹鲈的食物。

会在冬天产下 5 万 ~10 万颗绿色或紫色的卵。幼鱼是浮游生物，当体长达到 40 毫米时，便游到深海生活。

Rhamphocottus richardsonii
钩吻杜父鱼

体长：8~9 厘米
体重：无数据
保护状况：未评估
分布范围：北美洲沿岸的太平洋海域

钩吻杜父鱼生活在寒带、温带海域，从潮间带到水下 165 米深的岩石海底都有分布。喜欢隐藏在空器皿里，例如藤壶、瓶子和易拉罐。鱼身有些扁平，很高，覆盖着栉鳞。鳃盖骨前有一个鳍条，背鳍则有七八个鳍条。尾鳍很圆，胸鳍用来附着在退潮时的岩石和海藻上。鱼身呈米色，伴有棕色条纹。尾梗和鱼鳍呈红色。嘴巴很小，上嘴唇有肉膜。被人拿出水面时，钩吻杜父鱼会发出咕噜咕噜的声音。冬天，雌性钩吻杜父鱼会向雄性钩吻杜父鱼求偶。雄性钩吻杜父鱼会躲到岩石中，而雌性钩吻杜父鱼则会想方设法不让雄性离开，直到它们交配产卵。

幼鱼吃浮游动物（桡足亚纲动物的幼鱼和小鱼），成年鱼吃大一些的鱼和甲壳类动物。

Triglops murrayi
牟氏鲥杜父鱼

长度：12~20 厘米
重量：无数据
保护状况：未评估
分布范围：大西洋北部海域

牟氏鲥杜父鱼栖居在寒带水温 1~12 摄氏度、含盐量中等的水域中。主要栖息深度为水下 100~200 米，偶尔可达到 530 米。比较喜欢生活在海底的泥沙中。以无脊椎动物为食，例如多毛虫和甲壳类动物（桡足亚纲动物、端足目动物、蟹、磷虾）。幼鱼以浮游植物为食。

鱼身呈土黄色，背鳍前部有深色斑点，尾部有横向条纹。侧线下面有一些锯齿边的斜向褶皱。嘴唇呈深色，名字由此而来。

产卵季一直持续到深秋（从 9 月到 11 月），主要在海底和水下 100~200 米处产卵。鱼卵的直径为 2 毫米。

Cottocomephorus grewingkii
格氏贝湖鱼

体长：10~19 厘米
体重：15~20 克
保护状况：未评估
分布范围：亚洲

格氏贝湖鱼栖居在寒冷水域水下 20~300 米深的地方，海水或淡水均可。鱼身没有鱼鳞，呈青棕色，背部和两侧伴有棕色斑点。腹部呈珍珠白色。以浮游动物、幼鱼和其他鱼类为食。会在 5 月、8 月和来年的 3 月成群繁殖。雌性格氏贝湖鱼在海底岩石附近产卵，鱼卵的数量在 900~2400 颗之间。鱼卵在岩石附近受精，雄性格氏贝湖鱼会一直看护鱼卵直至孵化。幼鱼聚集在海岸边的海平面上，闻到天敌的气味就会展开防卫行动。

性别二态性
雌性格氏贝湖鱼的体形比雄性格氏贝湖鱼小。

胸鳍
繁殖季时，雄性格氏贝湖鱼的胸鳍呈亮黄色。

比目鱼

比目鱼栖居在海底，可以通过改变颜色和条纹来隐藏自己，不被发现。在它们的生长过程中，要经历变态阶段，幼鱼时期与其他鱼类很相似，成年之后变得扁平，眼睛突出，嘴巴窄而斜。

一般特征

比目鱼包括鲽、鲽科、牙鲆科、丝帆鱼科、雄鸡鱼、舌鳎科和大菱鲆。它们是常见鱼，广泛分布于世界各地。栖居在海底和河底。最显著的特征就是身体的不对称性，这是它们和其他鱼类不同的地方。脊椎动物中也只有它们有这样的特点。身体扁平，成年鱼的两个眼睛位于脸的一侧。

| 门：脊索动物门 |
| 纲：鱼纲 |
| 目：鲽形目 |
| 科：11 |
| 种：570 |

特殊性
由于发育过程的特殊变化，器官和骨骼都移动到了身体的一侧，比目鱼呈现出鱼身扁平且身形不对称的特点。

侧身游

比目鱼属于辐鳍鱼（鱼鳍有鳍条）。多数生活在海中，少数生活在河流、小溪和湖泊中。鲽形目的名字源自它们独特的侧身游。成年鱼侧躺着游动，可以快速变成和海底或淡水湖底一样的颜色。变色不仅可以使它们躲避天敌，不被发现，也方便了它们捕食。为食肉动物，埋伏在满是泥沙的海床上，伺机捕食。和大多数硬骨鱼一样，是体外受精。眼睛突出，有一个一直延伸到头部的背鳍。毫无疑问，比目鱼最显著的特征就是它们的眼睛。刚出生时，它们的眼睛和其他鱼一样，位于脸的两侧，但是随着年龄的增长，一只眼睛开始发生变化，慢慢地移动到了脸的另一侧，和另一只眼睛长在了一起。同时，身体的一侧开始变色，另一侧由于长时间和海底接触，变成了浅色。

体形大小

比目鱼的体形大小不一。最小的是高体大鳞鲆，长5厘米，重2克。最大的是大西洋大比目鱼，它不仅是鲽形目中最大的，也是骨鱼中最大的，长2米，重300多千克。

很多比目鱼都有商业价值，因此为人所熟知，例如鳎、大菱鲆、雄鸡鱼和鲽。从很早开始，比目鱼对于当地居民（例如北美洲居民）来说就是重要的资源。同时，比目鱼也是沿海渔民重要的经济来源。

不同之处

对人们来说，鲽形目鱼类的种系关系一直是个难题。人们曾经根据形态解剖特点，把这些鱼分成不同的亚目、科和亚科，但都是在一个目内。近些年，人们在基因研究领域有了新进展，科学家们认为这些科的动物都源自同一个祖先（单源动物）。其中，有些科的鱼两只眼睛都位于身体右侧，例如无臂鳎科的鱼类（美洲鳎）或者不同的鲽鱼（鲽科），包括41个属的101种鱼类。此外，鲆科，这个比目鱼数量上最重要的科，包括20个属的162种鱼类，它们的两个眼睛都位于身体的左侧。牙鲆科的鱼类也是如此，包括28个属的135种鱼类，其代表鱼是大西洋大比目鱼。菱鲆科有9类生物，其中主要是大菱鲆，也包括漠斑牙鲆。在棘鲆科的鱼类中，眼睛都在左边或都在右边的情况是存在的。这个科只包括7种鱼，腹鳍是它们的主要特点，还有1根鳍条、5根软鳍条和发达的胸鳍。无论这些鱼有没有鱼鳍（尾鳍、背鳍、臀鳍、胸鳍、腹鳍），这种分类方式只是为了把不同的比目鱼分到相应的科目中。例如，舌鳎科的鱼类没

移动的眼睛
比目鱼的眼睛都位于脸的一侧，左边或右边的情况都存在。

染色的背部

变形
比目鱼的幼鱼两侧对称，但不久后，它们的身体结构就开始发生变化：肠子变长；一只眼睛和一只鼻孔移动到脸的另一侧；成对的鱼鳍减少；身体一侧的鳞片减少，另一侧的鳞片增加；嘴巴的变化不太明显。这些变化使它们能够藏在泥土里，只露出眼睛。它们就这样霸占了其他鱼的地盘。

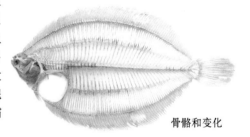

骨骼和变化

有胸鳍和腹鳍，它们外形特殊，名字却普通。无臂鲆科的鱼类（源自拉丁语，意思是"没有手"）的胸鳍很短，或几乎没有。

伪装

比目鱼可以迅速地改变身体一侧的颜色，模拟周围的颜色。这种能力使它们能够完美地伪装自己，尤其是埋在泥沙里时。通过这种方式，它们可以逃脱天敌的追捕，也可以暗中窥探猎物的动向。相反，身体的另一侧则没有颜色。

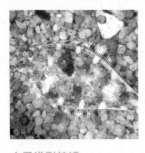

太平洋副棘鲆
可以隐藏在彩色的石头上。

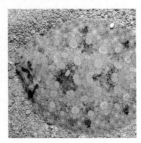

凹吻鲆
可以变成沙子的颜色。

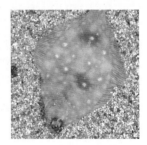

鲽鱼
模仿周围泥沙的颜色和图案。

变态

鳎和鲽鱼、大菱鲆一样，在刚出生的几年会有显著的变化。幼鱼刚出生时的外形和大部分鱼类没有什么不同。然而，几周后，它们就开始变形。鱼身变长、变扁，脑部和颌骨变形，眼睛和鼻子移动位置。

特点

美洲拟鲽是生活在浅水区的鲽鱼中最常见的一种。它们的外形呈椭圆形，很扁。背部颜色根据周围环境的不同而有所变化。腹部呈白色。嘴巴很小，眼睛位于脸的右侧。幼鱼生活在深海，成年鱼由于已经变形，生活在河流或者大陆架的底层泥沙中。

350万
最大的美洲拟鲽一次产卵的数量。

头部

头部很小，嘴唇厚实、有肉感。鼻孔和眼睛一样，位于上方（右侧）。

眼睛

眼睛突出，从脸的一侧移动到另一侧。这个新的位置使视觉神经交叉。

嘴巴

较突出的那个颌骨有锋利的牙齿，另一侧则没有。

扁平

特殊的身体形状使它们能够部分隐藏在泥沙中，伺机捕食。

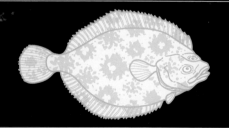

67厘米

伪装

它们有一种能改变体色深浅和分布的细胞。

侧身游
鲽形目的名字源自希腊语: *pleura*—侧（侧面），*nerton*—游（游动）。

不对称
和其他脊椎动物不同，比目鱼身体两侧不对称。

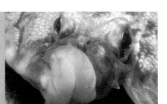

脸部的转动
　　比目鱼的外形从幼鱼变为成年鱼大约需要 2 周。变形在它们浮游生活时进行，当它们长到 1 厘米长时，变形结束，开始在海底生活。

对称的鱼

① 3 天
刚出生的小比目鱼像其他幼鱼一样，身体透明，眼睛在脸的两侧。

② 10 天
染色细胞的增长是身体的一个显著特征。有部分卵黄囊。

③ 13 天
幼鱼开始变形。左眼开始慢慢移动，变得不对称。

右侧

左侧

不对称的鱼

④ 22 天
变态过程很完整。眼睛从左侧移到了右侧。

⑤ 5 周
眼睛在头部中间。尾鳍很清楚。

鳞片
鱼皮也不对称：下半部分的鱼鳞很细，呈旋轮线状；上半部分的鱼鳞很厚，呈栉齿状。

背鳍
背鳍很长，几乎延伸到了头部。都是软鳍条。除了鳒科，这个目的鱼的鱼鳍都没有硬鳍条。

零下1.5 摄氏度
由于身体中有抗寒蛋白，这是它们所能承受的最低温度。

鲽

门:	脊索动物门
纲:	辐鳍鱼纲
目:	鲽形目
科:	11
种:	670

鲽的体形两侧不对称。幼鱼在变态之前是对称的，但在变态之后，眼睛就都在脸的一侧了。根据科的不同，眼睛移动到左侧或者右侧。成年鱼的身体扁平，没有鳍条。大部分生活在盐水中，可以完美地隐藏在周围的环境中。

Citharichthys stigmaeus
眼点副棘鲆

体长: 12.5~17 厘米
体重: 无数据
保护状况: 未评估
分布范围: 太平洋东部海域

眼点副棘鲆有性别二态性，雄性眼点副棘鲆身体一侧的斑点都是橙色的。它们身上覆盖着大大的圆形鳞片，边缘为锯齿状。从阿拉斯加一直到墨西哥南部附近海域都有分布。栖居在沿岸海底的岩石和泥沙中。

以各种小型甲壳类动物和多毛虫为食。主要天敌是鸟类、海洋哺乳动物和大型鱼类。繁殖季于冬天开始，雌性眼点副棘鲆在浅海产卵，鱼卵在春夏两季孵化，鱼卵和幼鱼都生活在深海中。

自卫
它们通过变成和周围环境一样的颜色来保护自己，以防止被天敌发现。

不对称
眼睛位于身体左侧。在盲端是颌骨、尿殖乳头和肛门。

Pleuronectes platessa
鲽鱼

体长: 0.25~1 米
体重: 7 千克
保护状况: 无危
分布范围: 大西洋东北部、巴伦支海、地中海海域

鲽鱼是夜行性动物，白天隐藏在海底沉积物中。在幼鱼阶段，左眼移动到身体右侧，这种适应性让它们能够栖息在海底。变态后，栖居在较浅的近海。

主要吃多毛虫和软体动物。鱼卵在春夏两季孵化。

鱼肉
生鱼肉有毒，只有在烹饪后才能去除毒性。

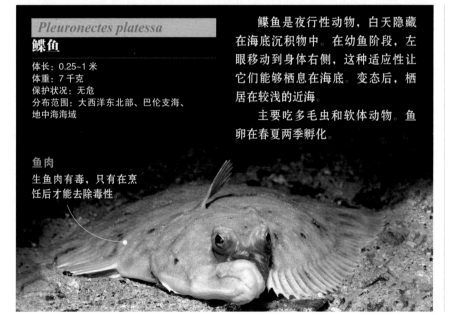

Citharichthys sordidus
太平洋副棘鲆

体长: 15~41 厘米
体重: 0.9~4.5 千克
保护状况: 未评估
分布范围: 太平洋东部海域

太平洋副棘鲆很常见，胸鳍长至眼睛附近。在不超过3.5千米的区域内迁徙。日夜捕食，主要以甲壳类动物、鱼类、章鱼和幼鱼为食。

Pseudopleuronectes americanus
美洲拟鲽

体长：23~64 厘米
体重：3.6 千克
保护状况：未评估
分布范围：大西洋西部海域

美洲拟鲽是身体最厚实、尾梗最宽的鲽鱼。全身覆盖着鳞片，右侧的鳞片更厚更硬，眼睛也都在右侧。身体的颜色根据环境而变化。季节性迁徙：夏天游到深海，冬季又回到海岸边。生活在不太深的泥沙海底，有无植物均可。春天开始时，雌性美洲拟鲽产下 10 万颗鱼卵，并让鱼卵附着在植物上。幼鱼在变态前一直生活在海洋表面。

以各种海底生物为食，例如端足目动物和无脊椎动物。

由于人类的大肆捕捞，美洲拟鲽的数量减少到原来的1/10。

特殊物质
人们通过基因工程技术提取了它们皮肤中的抗寒多肽，这种物质在现代工业中被广泛应用。

Asterorhombus fijiensis
菲济角鲆

体长：15 厘米
体重：无数据
保护状况：未评估
分布范围：印度洋、太平洋西部海域

菲济角鲆的分布和沙质热带珊瑚礁有关。菲济角鲆独来独往，并非群居生物。它们通常藏在珊瑚底部移动。

眼眶间有一个附肢，由背鳍变化而来。嘴巴上的附肢无色、纤细、形似甲壳纲动物，可用来引诱猎物。

菲济角鲆有超强的模仿力，可以迅速变成和海底一样的颜色。

Bothus pantherinus
豹纹鲆

体长：20~39 厘米
体重：无数据
保护状况：未评估
分布范围：印度洋和太平洋的中西部海域

豹纹鲆栖居在珊瑚礁周围。身上有深色斑点，边缘为白色，就像豹子的花纹一样，因此叫作豹纹鲆。性别二态性的一个体现是：雄性豹纹鲆的胸鳍很长，既可以在求偶过程中使用，也可以在保卫地盘时向对方发出警告。通常藏身于泥沙中，以深海动物为食。

Bothus mancus
凹吻鲆

体长：45 厘米
体重：无数据
保护状况：无危
分布范围：印度洋、太平洋海域

凹吻鲆栖居在较浅海域的珊瑚礁周围。夜行性动物。主要以小型鱼类、蟹和甲壳类动物为食。眼睛位于身体左侧，可以分开活动，能看到任何方向。这大大拓宽了它们的视觉范围。繁殖季于冬末开始。雌性凹吻鲆在受精之后会排出两三百万颗卵。鱼卵漂浮大约 15 天，孵化前会沉到海底。幼鱼在变成成年鱼之前一直在海里漂流。

蓝色斑点
凹吻鲆与其他同类鱼的不同之处就在于这些醒目的斑点。

奇形怪状的鱼

这类鱼包括了一系列罕见的、不可思议的鱼，它们都有特殊能力，例如会突然间膨胀成一个球。有些鱼依赖珊瑚礁生存，在捕食时利用珊瑚礁困住猎物，珊瑚礁就如同它们故意设下的陷阱。

一般特征

鲀形目包括河豚、单角革鲀、刺鲀、女王炮弹。大多数鲀形目的鱼类栖居在珊瑚礁周围；少数鲀形目的鱼类生活在淡水河流和湖泊中。有些科的鱼类能够突然膨胀起来，以击退天敌。鮟鱇目包括蟾鱼、毛鲿鱼、蝙蝠鱼。大多数鮟鱇目鱼类生活在深海，它们头部大而宽阔扁平。

| 门：脊索动物门 |
| 纲：辐鳍鱼纲 |
| 目：2 |
| 科：27 |
| 种：661 |

鲀形目

它们很有特点，鳞片骨化，末端呈尖刺状。遇到危险时，它们可以吸入水或空气，膨胀为一个球。

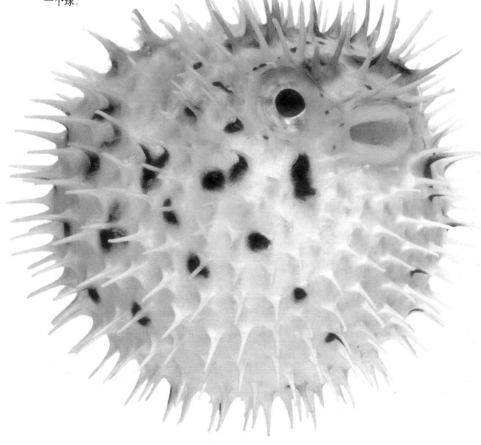

河豚和刺鲀

河豚能够一下子吞入大量的水并膨胀成一个球。遇到危险时就会变形。和这个目的大多数鱼一样，河豚的外形像鼓。依靠鱼鳍的共同作用来游动，这一方面给了它们很大的灵活性，另一方面游动的速度也受到了限制。游速慢使它们很容易被天敌捉住；然而，它们可以突然变成一个球，让天敌很难发起进攻。河豚的骨骼经过特殊的改变才可以变形。肋骨和腹带消失，胸部和头部变

形，这样才能将大量的水或空气吸入胃里。同时，鱼皮富有弹性。刺鲀科的刺鲀和鲀形目的单角革鲀（单棘鲀科，短革鲀属）一样，在进化过程中也有了这样的特点。但是鲀形目的单角革鲀不像其他两种鱼类，它们的变形受到了形状的限制。此外，河豚和刺鲀的器官和鱼皮都含有毒素。河豚是脊椎动物中毒性仅次于金色箭毒蛙的第二毒的动物。它们释放的毒液叫作河豚素，主要储存在肝脏、卵巢和睾丸中。如果天敌吃掉它们，一定会死于肌肉萎缩。而且，这些鱼类还有些显著的特点（例如颜色、图案），这是在警告天敌远离它们。很多鲀形目的鱼类都有这种特点，这种颜色和图案叫作警戒色。这种伪装术使得它们在藏身时不需要消耗能量。

女王炮弹、箱鲀、单角革鲀和月鱼

这类鱼也叫鲀，炮弹鱼（鳞鲀科）是身长20~90厘米的色彩鲜艳的脊椎动物。

它们的背部有两根刺，这使天敌不容易吃掉它们或者将它们从藏身处提出来。这两根刺的行为机制赋予了它们扳机鱼的名字。它们不能像其他同科鱼那样膨胀为一个球，但鱼皮上覆盖着平行四边形的鳞片，以此作为武器保护自己。嘴里有咽门和尖锐的牙齿，以便咬破软体动

乔装术

鮟鱇目鱼类的头部和身体都很大，身上有肉瘤和分叉的小刺。它们可以根据周围环境的颜色，变成岩石或海藻的样子。

毛躄鱼
Antennarius hispidus

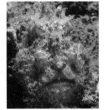
细斑躄鱼
Antennarius coccineus

穗躄鱼
Rhycherus filamentosus

鮟鱇目
这种目的鱼类有一个特点，即背鳍的第一个鳍条变成了引诱猎物的诱饵。

物的贝壳。箱鲀（箱鲀科）的特点是它们有六边形（蜂巢的形状）的鳞片。鳞片组成了坚硬的甲壳，呈三角形或鼓形。有些箱鲀科的鱼类可以直接向水中释放毒液，以击退天敌，如棱箱鲀属的鱼类。单角革鲀（单棘鲀科）的每个颌骨上有 3 颗向外的牙齿和 2 颗向内的牙齿，牙齿很尖锐，可以啃咬猎物。

有些鱼类以珊瑚和浮游动物为食。鱼卵安放在事先选好的地方，雄性鱼保护鱼卵。然而，像其他鱼类一样，鱼卵在开阔的海域就可以自由自在地游动了。翻车鲀科（意为"好动的鱼鳍"）的鱼类很大，如月鱼（翻车鲀和拉氏翻车鲀）。它们是这种目中最大的鱼类：长 3 米多，重 1500 千克以上。主要以浮游动物、藻类、甲壳类动物为食，偶尔吃鱼类和水母。多产，一只雌性翻车鱼可以产卵 30 万颗。

生活在没有光的地方

鮟鱇目的鱼类在世界各地均有分布，主要生活在深海，少数生活在海岸边。有些鱼已经进化为凶猛的捕食者。头部前方有附肢，可以发光。附肢包括三条鳍棘，最长的叫作食饵，末端有一个皮质穗。附肢从背鳍的前几个鳍条演变而来。鮟鱇鱼可以随意摆动附肢，把它当作诱饵来吸引猎物。只要猎物一碰到附肢，鱼的颌骨就会马上关闭，吞掉猎物。和鱼身相比，它们的嘴巴很大，牙齿很大且向后生长，猎物很难逃脱。这个目的鱼类有变形的鱼鳍，这使它们

可以在海底移动，仿佛是在爬行。此外，头部和身体周围都有类似于海藻的附肢，这让它们变成了更凶猛的捕食者。它们还有一个显著的特点就是它们的鱼皮光滑或者只有少量鱼鳞，胸鳍下方没有刺、肋骨或者鳃盖。它们是闭鳔鱼，鳔与食管之间没有相通的鳔管。

寄生的雄性

鮟鱇目的雄性鱼类在孵化之后就开始发生结构上的变化。消化器官开始萎缩，它们要在能量用完之前找到雌性鱼。一旦成功找到，它们就紧紧贴着雌性鱼，通过一种消化鱼皮的酶与雌性鱼结合在一起，嘴巴进入雌性鱼的血管中。

性寄生
这是在深海环境中所采取的一种繁殖方法。因为深海很黑，食物很少，很难找到雌性伴侣。

树须鱼
Linophryne arborifera

长 77 毫米

长 15 毫米

雌性
雌性的体形是雄性的 14 倍，雌性一释放信息素，雄性就能察觉到。

雄性
这是雌性必须经历的寄生。寄生后，雄性的消化道功能减弱。雌雄两生物的循环系统结合在一起。

蟾鱼及其他

| 门：脊索动物门 |
| 纲：辐鳍鱼纲 |
| 目：鮟鱇目 |
| 科：18 |
| 种：322 |

这类鱼属于鮟鱇科，头部宽大，牙齿尖锐。躄鱼科的鱼类嘴上有一个类似于触角的附肢。蝙蝠鱼科的蝙蝠鱼和鞭冠鮟鱇科的鞭冠鮟鱇属都属于鮟鱇目。

Histrio histrio
裸躄鱼

体长：12~20 厘米
体重：无数据
保护状况：未评估
分布范围：印度洋、太平洋、大西洋的赤道地区海域

裸躄鱼的名字暗指它们栖居在马尾藻海，那里有马尾藻的浮层。它们在飓风季节会游到海岸边和海湾。会根据繁殖季进行周期性的迁徙，游到 100 千米远的地方。它们独来独往，是凶猛的捕食者，以小型鱼类和附着在植物上的甲壳类动物为食。

遇到危险时，它们会躲到浮游海藻中，离开水后仍可长时间存活。鱼皮上的不规则图案和强大的捕食能力使它们能够藏身在海藻中，躲避天敌。求偶时，雄性裸躄鱼一直追求雌性裸躄鱼，直到两条鱼游到水面。雌性裸躄鱼在那里产卵，鱼卵外包裹着一层黏膜。雄性裸躄鱼立即使鱼卵受精。

诱饵
刺来回摆动，吸引猎物靠近，便于它们捕食。

鱼的"手"
鱼的胸鳍就像人的手一样，可以进行对抗性的活动。

Ogcocephalus parvus
粗背蝙蝠鱼

体长：10 厘米
体重：无数据
保护状况：未评估
分布范围：大西洋西部和西南部海域

粗背蝙蝠鱼栖居在珊瑚礁周围。腹部扁平。生活在深海，以深海无脊椎动物和小型鱼类为食。在强劲有力的胸鳍、腹鳍的支撑下，可以待在海底。

幼鱼生活在开阔的海洋表层，没有成年鱼的照看。

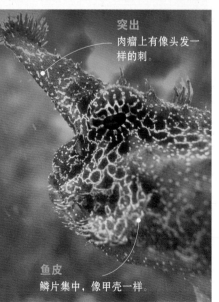

突出
肉瘤上有像头发一样的刺。

鱼皮
鳞片集中，像甲壳一样。

Lophius gastrophysus
长鳍鮟鱇

体长：45~60 厘米
体重：无数据
保护状况：无危
分布范围：大西洋西部海域

长鳍鮟鱇生活在深海（40~700 米之间）。鱼身及头部都比较扁平。嘴巴很宽，尾巴向尾鳍部分一点点变细。背部为棕色，腹部为白色。背鳍前半部分变形，作为诱饵引诱猎物。主要以小型鱼类和软体动物为食。雄性长鳍鮟鱇的寿命在 13 岁左右，雌性长鳍鮟鱇的寿命在 19 岁左右。

Ogcocephalus nasutus

短吻蝙蝠鱼

体长：38 厘米
体重：3.6 千克
保护状况：未评估
分布范围：大西洋和加勒比海西部

短吻蝙蝠鱼栖居在水下 305 米深的泥沙碎石、珊瑚礁、海藻等周围。身体和头部都有圆锥形的肉瘤。胸鳍通过一个菱形的黑色膜和身体连接。胸鳍背面呈焦黄色或亮黄色，鳍条尖

骗术
鳍条快速移动，捕捉食物。

而有肉瘤，这能够支撑它们待在海底，好像在海底走路一样，也能够让它们发起突然袭击。主要以小型鱼类、藻类、蠕虫、蟹和深海软体动物为食。遇到危险时，能藏身在海底的泥沙中，只露出眼睛。

Himantolophus groenlandicus

多指鞭冠鮟鱇

体长：4~60 厘米
体重：0.125~20 千克
保护状况：未评估
分布范围：大西洋、墨西哥湾、加勒比海

多指鞭冠鮟鱇有性别二态性，雄性多指鞭冠鮟鱇重 125 克，长度不超过 6 厘米；雌性多指鞭冠鮟鱇重 20 千克，长 60 厘米。

它们最显著的特征是头部有发光器官。背鳍在进化过程中演变出了 1 个或多个鳍棘，含有光素，能够改善视力，吸引猎物。消化系统很原始，需要寄生虫来消化食物。主要以鱼类、头足动物和甲壳类动物为食。

Antennarius commersonii

康氏躄鱼

体长：30~38 厘米
体重：无数据
保护状况：未评估
分布范围：印度洋、太平洋、红海

康氏躄鱼是体形最大的鮟鱇目鱼类。栖居在深海珊瑚礁周围、湖泊和海湾中。通常附着在海绵上，可以与其完美地融合在一起。鱼皮较滑，有黏液，鱼身色彩单一，布满斑点。鱼皮可以是黄色、橙色、黑色或者各种色度的棕色和绿色。背鳍有 13 根鳍条，第一根鳍条很灵活，可以用来当作"诱饵"吸引猎物。

Antennarius multiocellatus

多斑躄鱼

体长：20 厘米
体重：无数据
保护状况：未评估
分布范围：大西洋中西部、加勒比海

多斑躄鱼栖居在较浅海域的珊瑚礁周围，附着在海绵上，能变成海绵的颜色，与其完美地融合在一起。鱼皮粗糙，长满肉瘤状小刺。颜色多变，

可以是浅黄色、亮绿色、红棕色或者紫红色。全身都有黑色的斑点，因此叫作多斑躄鱼。它们独来独往，是凶猛的捕食者。捕食策略就是伪装和模仿，以此引诱其他动物成为它们的食物。

以比它们大的甲壳类动物和鱼类为食。鱼卵带有大量黏液。

长骨鱼
这一俗名指出了鳍条的长度。

应急
多斑躄鱼从一片海域到另一片海域捕食时，胸鳍和腹鳍提供了主要的动力，就像脚掌一样。

扳机鱼及其他

门:	脊索动物门
纲:	辐鳍鱼纲
目:	鲀形目
科:	9
种:	339

它们大部分生活在海里。它们之所以会出现在淡水区域，与潮汐有关，也与它们具有适应低盐度环境的能力有关。身体的形状很像珊瑚鱼，吸入大量的水后会显露出腹部的刺和鳞片。除了翻车鲀科的鱼类，其他鲀形目的鱼类都没有鱼鳔。

Odonus niger
红牙鳞鲀

体长: 50 厘米
体重: 无数据
保护状况: 未评估
分布范围: 印度洋、太平洋海域

红牙鳞鲀生活在水下5~40米深的珊瑚礁周围。它们的牙齿锋利，能够咬坏珊瑚。颜色在海蓝色、深紫色和玫瑰红色之间变化。通常聚集为大型鱼群。以浮游动物和海绵为食。幼鱼藏在大小合适的沟壑或洞穴中。前背鳍有鳍条，遇到危险时，鳍条会立起来。鳍条的运动机制和

射击相似。鱼鳍有保护作用。虽然它们的商业价值小，但人们也买卖新鲜和晒干的红牙鳞鲀，所以它们仍是渔民重要的捕食对象。它们是卵生动物，没有性别二态性。

坚硬的牙齿
红牙鳞鲀可以咬坏猎物的贝壳，这是硬骨类鱼中不太常见的特点

炮弹鱼
由于鱼身是菱形的，和中世纪的武器相似，因此而得名。

Balistes vetula
妪鳞鲀

体长: 60 厘米
体重: 5.4 千克
保护状况: 易危
分布范围: 大西洋东部和西部海域

妪鳞鲀生活在水下2~275米深的岩石或珊瑚礁周围。背部呈灰绿色，头部的下半部分和腹部为橙黄色，腹部和头部有蓝色条纹。它们通过吸吮来捕食，有坚硬的牙齿、颌骨和强壮的肌肉，捕食时很敏捷，主要吃海胆、软体动物和蟹。

Abalistes stellatus
宽尾鳞鲀

体长: 60 厘米
体重: 无数据
保护状况: 未评估
分布范围: 印度洋、太平洋海域

宽尾鳞鲀生活在水下70~350米的珊瑚礁周围。背部呈灰绿色，伴有很多白色的小斑点，腹部呈浅色。鱼鳃后面覆盖着大大的骨鳞，背鳍有3个明显的鳍条。尾梗扁平，大且长。栖居在深海泥沙或岩石周围，在那里捕食深海动物。

Rhinecanthus assasi
阿氏锉鳞鲀

体长：30 厘米
体重：无数据
保护状况：未评估
分布范围：印度洋西部海域

视力
可以单独转动眼球。

防守机制
当它们待在洞穴或者珊瑚礁周围时，背鳍可以提供动力，避免被天敌攻击。

阿氏锉鳞鲀栖居在浅水珊瑚礁周围的泥沙海底。和这个科的其他鱼类一样，它们的上颌骨不突出。鱼身扁平，色彩艳丽，嘴巴、眼睛、侧线为深色。眼睛很靠上，嘴巴很小。幼鱼生活在珊瑚周围。以深海无脊椎动物为食。在海底产卵，并把鱼卵存放在事先选好的窝里，雌性阿氏锉鳞鲀一刻不离地照看鱼卵，相比之下，雄性阿氏锉鳞鲀就没有那么尽责了。它们的捕食技能很高超。阿氏锉鳞鲀是水族馆中的明星，但它们往往具有领土侵略性。

Rhinecanthus aculeatus
叉斑锉鳞鲀

体长：30 厘米
体重：无数据
保护状况：未评估
分布范围：印度洋、太平洋、大西洋东部海域

叉斑锉鳞鲀生活在水下 0~50 米的珊瑚礁周围。鱼身扁平，伴有彩色的线条。头部很长，嘴巴很小，边缘为黄色。背鳍有一根竖着的鳍条，用来保护自己。幼鱼隐藏在岩石中，成年鱼可随意游动。它们保护自己的领地，以藻类、岩屑、软体动物、甲壳类动物、蠕虫、海胆、鱼类、珊瑚和鱼卵为食。是卵生动物，警告别的鱼时会发出低沉的声音。是水族馆中的常见鱼种。

Lagocephalus laevigatus
光兔头鲀

体长：100 厘米
体重：4.8 千克
保护状况：未评估
分布范围：大西洋海域

光兔头鲀栖居在 10~180 米深的热带海域泥沙海底。头部较圆，颌骨坚硬，有两颗牙齿。脊柱为深色，腹部为浅色。遇到危险时会膨胀，体积迅速变大。鱼身细长，鳍条很小，身体下半部有很多鳍条，从嘴部延伸到肛门位置。背鳍和臀鳍偏后，位于尾部。

它们通常独来独往，也可聚集为小型鱼群。

成年鱼在深海生活，幼鱼通常在海岸边生活，主要以鱼类和鱿鱼为食。在有些地区，它们的鱼肉是有毒的，因为其体内含有一种叫作河豚素的有毒物质，这种毒素主要集中在鱼皮和动物内脏中。

Tetraodon mbu
姆布鲀

体长：67 厘米
体重：无数据
保护状况：无危
分布范围：非洲

姆布鲀是淡水鱼，栖居在河流和湖泊的底部。身形细长，呈圆锥形，主要为黄色或米色，伴有斑点。头部和身体上半部分有棕色条纹；腹部从米色变为深黄色。没有鳞片，鱼皮很硬，有小刺。眼睛呈橙色。鱼肉中常有毒素。毒素会根据性成熟的时期而变化，主要集中在内脏，尤其是肝脏和性腺。如果人们未小心处理他们捕获的姆布鲀，其毒素会污染肉质。它们是食肉动物，以小型鱼类、软体动物和甲壳类动物为食。

分类
通过牙齿的分布和数量，可以区分相近的鱼类。

球
它们可以突然膨胀，以保护自己不被天敌吃掉。

Diodon holocanthus
六斑刺鲀

体长：50 厘米
体重：无数据
保护状况：未评估
分布范围：太平洋、大西洋、印度洋海域

六斑刺鲀是深海鱼，生活在水下2~200米的珊瑚礁周围、软质沉积物或岩石上。它们很强壮，背鳍和臀鳍是圆的，尾部没有刺。鱼身呈浅色，背部和侧面有很多深色斑点，身上和鱼鳍基部也有很多小斑点。如果它们觉得自己遇到危险，就会喝很多水，迅速膨胀，露出长长的刺。夜间捕食动物，例如软体动物、海胆和蟹。

性腺横向分布在鱼身上。在不同的发育阶段，雌性六斑刺鲀的卵巢都会产生卵子。一年可以繁殖多次，多集中在6月或者9到10月。幼鱼生活在深海，长6~9厘米。鱼皮和器官携带着毒素，叫作河豚素。

小工艺品
六斑刺鲀对于人类来说没有很大的直接价值，但是在有些地区，人们将它们制作成小工艺品出售。

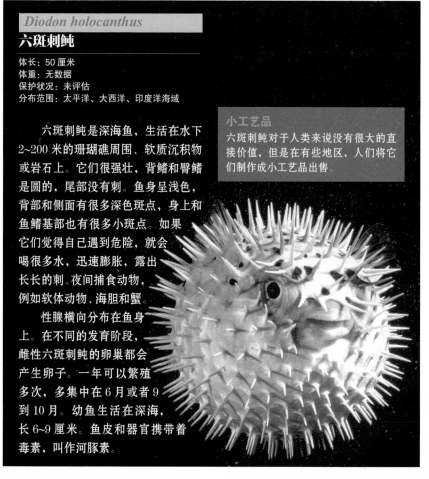

Chilomycterus antillarum
安地列斯短刺鲀

体长：30 厘米
体重：无数据
保护状况：未评估
分布范围：大西洋西部海域

安地列斯短刺鲀栖居在水下1~44米的珊瑚礁和海藻周围。尾部和眼睛上方没有刺。即使眼睛上方有刺，也比眼睛小很多。背部有很多深色的大斑点，侧面有很多浅色的条纹，组成了多边形图案。成年鱼栖居在软质海底。独来独往，主要以硬壳无脊椎动物为食，因为它们的牙齿很坚硬。

Chilomycterus antennatus
缰短刺鲀

体长：38 厘米
体重：无数据
保护状况：未评估
分布范围：大西洋西部海域

缰短刺鲀生活在水下2~13米的区域。除了尾部以外，全身都有刺。眼睛上有触角。背部有较大的斑点，侧面有黑色的小斑点。嘴巴能够咬坏坚硬的食物。鱼鳍长约5厘米，尾鳍除外，身长15厘米。习惯独来独往。

Diodon nicthemerus
球刺鲀

体长：40 厘米
体重：无数据
保护状况：未评估
分布范围：太平洋、印度洋海域

球刺鲀栖居在水下1~70米的珊瑚礁周围。眼睛很大，边缘为黄色。鳃前面的刺小而平，尾部没有刺。成年鱼有4条侧线，背部呈深棕色，鱼鳍没有斑点，腹部呈浅色。聚集为小型鱼群生活。

Diodon hystrix
密斑刺鲀

体长：91 厘米
体重：2.8 千克
保护状况：未评估
分布范围：太平洋、大西洋、印度洋海域

密斑刺鲀生活在珊瑚礁周围、洞穴中。它们很强壮，颜色从青铜色到棕色之间变化。全身覆盖着深色的小斑点。背鳍和臀鳍是圆的，尾部有一个或两个刺。习惯独来独往。夜间捕食。主要以硬壳无脊椎动物为食。鱼肉不适合人类食用。

Acanthostracion polygonius
多角三棱角箱鲀

体长：50 厘米
体重：无数据
保护状况：未评估
分布范围：大西洋西部海域

　　多角三棱角箱鲀的眼睛前面有两个鳞片，侧后方有刺状、朝向前面的一对鳞片。尾部的鳞片变成了小刺。鱼身呈橄榄绿色，伴有浅色线条，头部有深色线条。尾鳍很圆，胸鳍有 12 根软鳍条。生活在水下 3~80 米的珊瑚礁周围。以被囊类动物、海鸡冠珊瑚、海绵和虾为食。

Lactophrys bicaudalis
斑点棱箱鲀

体长：48 厘米
体重：无数据
保护状况：未评估
分布范围：大西洋西部海域

　　斑点棱箱鲀生活在水下 3~50 米的珊瑚礁和小洞穴周围。鱼身呈浅色，伴有黑色的小斑点。背鳍、臀鳍、胸鳍的基部呈深色。成年鱼身上的浅色区域可以组成多边形。主要以各种无脊椎动物为食，例如软体动物、甲壳类动物、海星、海胆、海参、被囊类动物、海草、海藻等。它们兴奋时，会释放能够杀死其他鱼类的毒素。

Lactoria cornuta
角箱鲀

体长：46 厘米
体重：无数据
保护状况：未评估
分布范围：印度洋、太平洋海域

　　角箱鲀栖居在水下 18~100 米深的海藻周围。鱼身呈鼓状，头上有两个长长的"角"。背鳍很小，位于圆圆的尾鳍前面。鱼身的颜色在绿色和橙色之间变化，伴有天蓝色的斑点。成年鱼独来独往，保护自己的领地；幼鱼则会结成小型鱼群生活，会游到河流中。它们主要以深海脊椎动物为食。交配是发生在一个雄性和一群雌性之间的。鱼卵被安置在海底。

Mola mola
翻车鱼

体长：3.3 米
体重：2300 千克
保护状况：未评估
分布范围：所有海域

　　翻车鱼生活在水下 30~480 米深的海域。体形很大，鱼身很高，较扁，没有鱼鳞，鱼皮较厚，有弹性。嘴巴很小，有很多小牙。尾鳍被另一个相似的结构替代。胸鳍很小。背鳍有 15~18 根软鳍条，臀鳍有 14~17 根软鳍条。鱼身呈银白色，背鳍、臀鳍、尾部有深色的斑点。没有鱼鳔。独来独往或者结为小型鱼群。在海平面游动，甚至会把背鳍暴露在水面上。主要以浮游动物、甲壳类动物、鱼类、软体动物和海星为食。它们在繁殖季求偶。雌性翻车鱼多产：可以产 3 亿颗卵。幼鱼在深海生活。

鱼鳍
背鳍和臀鳍很长，没有真正的尾巴。

Ostracion cubicus
粒突箱鲀

体长：45 厘米
体重：无数据
保护状况：未评估
分布范围：印度洋、太平洋海域

　　粒突箱鲀是海鱼，生活在水下 280 米深的珊瑚礁周围。鱼身呈鼓状，有骨鳞，额头有明显的突起。尾部很厚，尾巴很圆。背鳍和臀鳍比较靠后。成年鱼呈暗黄色，伴有蓝色斑点。幼鱼呈亮黄色。受到攻击时会释放毒液。主要以藻类、微生物、海绵、软体动物、甲壳类动物和鱼类为食。

图书在版编目（CIP）数据

国家地理动物百科全书 . 鱼类 . 鳕形类·鲉形类 / 西班牙Sol90出版公司著；刘广璐译 . -- 太原：山西人民出版社，2023.3
ISBN 978-7-203-12490-0

Ⅰ . ①国… Ⅱ . ①西… ②刘… Ⅲ . ①鱼类－青少年读物 Ⅳ . ① Q95-49

中国版本图书馆 CIP 数据核字 (2022) 第 244674 号

著作权合同登记图字：04-2019-002

国家地理动物百科全书 . 鱼类 . 鳕形类·鲉形类

著　　者：西班牙 Sol90 出版公司
译　　者：刘广璐
责任编辑：孙　琳
复　　审：崔人杰
终　　审：贺　权
装帧设计：吕宜昌

出 版 者：山西出版传媒集团·山西人民出版社
地　　址：太原市建设南路 21 号
邮　　编：030012
发行营销：0351-4922220　4955996　4956039　4922127（传真）
天猫官网：https://sxrmcbs.tmall.com　电话：0351-4922159
E-m a i l：sxskcb@163.com 发行部
　　　　　sxskcb@126.com 总编室
网　　址：www.sxskcb.com

经 销 者：山西出版传媒集团·山西人民出版社
承 印 厂：北京永诚印刷有限公司

开　　本：889mm×1194mm　1/16
印　　张：5
字　　数：217 千字
版　　次：2023 年 3 月　第 1 版
印　　次：2023 年 3 月　第 1 次印刷
书　　号：ISBN 978-7-203-12490-0
定　　价：42.00 元